動《どう》物《ぶつ》生《せい》態《たい》大《だい》図《ず》鑑《かん》

HOW ANIMALS WORK

東京書籍

A DORLING KINDERSLEY BOOK

www.dk.com

Original Title: How Animals Work

Consultant Dr Kim Bryan

Senior editor Dr Rob Houston
Project editor Jane Yorke
Editor Jessamy Wood
Designers Sarah Hilder, Mark Lloyd, Joanne Mitchell, Liz Sephton, Smiljka Surla
Managing editor Julie Ferris
Managing art editor Owen Peyton Jones
Art director Martin Wilson
Publishing manager Andrew Macintyre
Category publisher Laura Buller
Picture researcher Laura Barwick
Illustrations KJA-artists.com
Production controller Charlotte Oliver
Production editor Sean Daly

First published in Great Britain in 2010 by
Dorling Kindersley Limited,
80 Strand, London, WC2R 0RL

Japanese language edition
Managing editor Shigeki Oyama
Editor Yukio Yamamoto
Art Director Yutaka Kaneko

ISBN: 978-4-487-80536-5

Colour reproduction by MDP, UK
Printed and bound in China by LEO Paper Products Ltd

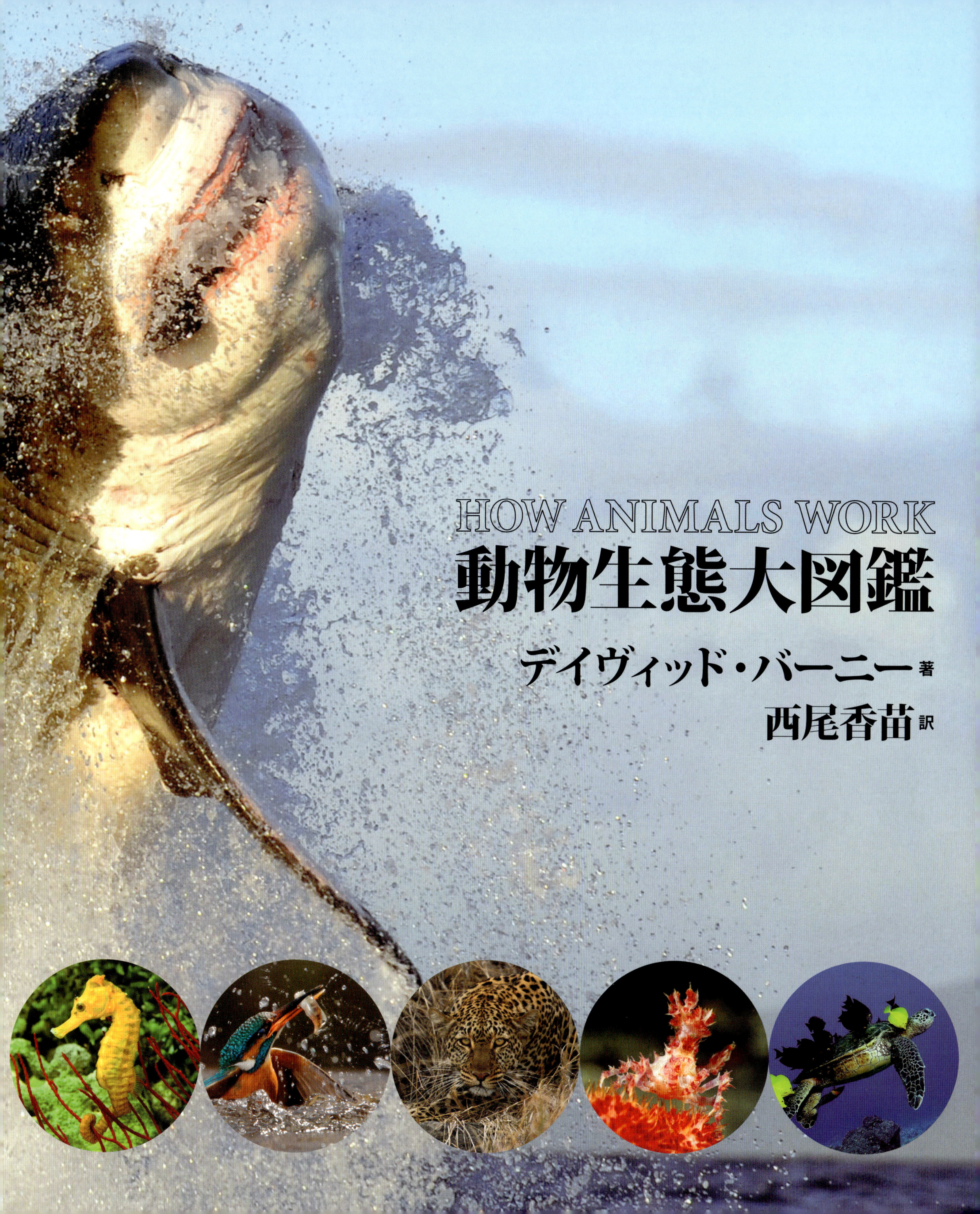

HOW ANIMALS WORK

動物生態大図鑑

デイヴィッド・バーニー 著

西尾香苗 訳

目次

6 基本的な体のつくり

8 柔《やわら》らかい体の動物たち◎ 10 体をおおう貝などの殻《から》◎ 12 外骨格《がいこっかく》
16 脊椎《せきつい》動物の骨格◎ 18 皮膚《ひふ》◎ 20 毛皮と体毛◎ 22 羽毛◎ 26 ウロコ

28 動物の移動方法

30 はって移動する◎ 32 足で歩く◎ 34 ジャンプと木登り◎ 38 滑空《かっくう》する
40 羽ばたいて飛ぶ◎ 42 泳いだり潜ったり◎ 46 木や土にトンネルを掘る

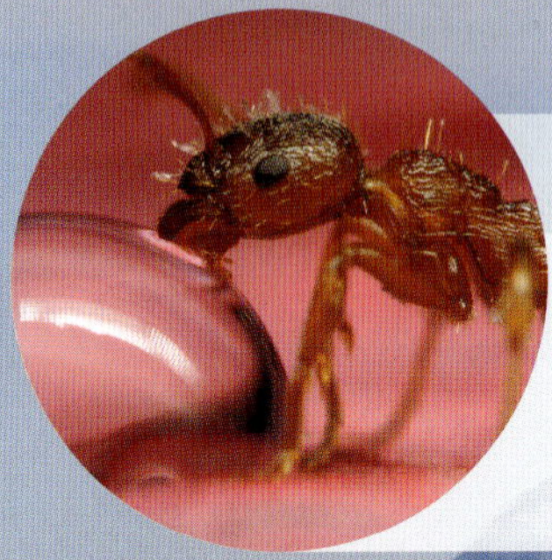

48 いのちをたもつメカニズム

50 呼吸と循環《じゅんかん》◎ 54 神経系と脳◎ 56 体温調節◎ 58 体の手入れ
62 動物のリズム◎ 64 大移動◎ 66 極限《きょくげん》の環境《かんきょう》で生きる

68 動物たちの食事

70 生きるために必要なエネルギー源◎ 74 グレーザーとブラウザー◎ 76 食事は花で
78 果実や種子を食べる◎ 80 雑食◎ 82 フィルターフィーダー◎ 86 スカベンジャーとリサイクラー

基本的な体のつくり

柔らかい体の動物たち

いまから7億年ほど昔のこと、動物たちはまだ地球上に現れたばかりで、水中でくらしていた。そのころの動物は、みな体が柔《やわら》らかく、硬《かた》いところは全然なかった。いまでも、海や湖、川、それに土の中など水気の多いところでは、柔らかい体の動物たちが繁栄《はんえい》している。動物が体を動かすには筋肉が必要で、筋肉にはしっかりとした足場が必要だ。柔らかい動物たちも、それぞれの方法で硬めの部分や支えになる部分をつくり出し、筋肉の足場を確保している。柔らかい動物には、顕微鏡でなければ見えないような小さな生きものが多いが、クラゲのなかまには、傘の直径が2m以上の大型のものもいる。

毒針つきの触手で獲物を捕まえる

泳ぐ傘

クラゲには、釣鐘《つりがね》のようなかたちをしたものや、傘のようなかたちをしたものがいる。クラゲの表面は細胞が並んだ薄いシートにおおわれ、その中にゼリーのような物質がつまっている。傘の中央部には空間があるが、これがクラゲの胃ぶくろで、その入り口が口だ。口は下向きに開き、そのまわりをたくさんのしなやかな触手《しょくしゅ》が囲む。傘中央の空間をぐるりと取り巻いてリング状の筋肉がある。筋肉をゆるめると内部の空間が広がって水が吸い込まれ、収縮《しゅうしゅく》させると水が噴《ふ》き出し、そのいきおいでクラゲは前へ進むのだ。

カイメンの体内にある骨片。針のようなものや、金平糖《こんぺいとう》のようなものがある

柔らかいけど実はタフ

カイメンはとても簡単なつくりの動物だ。柔らかくて、指で押すと簡単にへこむが、指をはなすと元通りになる。カイメンの体の中には、ミネラルが結晶化《けっしょうか》してできた骨片が多数含まれている。ひとつひとつの骨片は、顕微鏡《けんびきょう》を使わなければ見えないほどの大きさだ。この骨片どうしを、スポンジン（海綿質《かいめんしつ》）という物質でできた繊維《せんい》がつなぎ、細かい網目状の構造をつくっている。この網目が弾力の秘密《ひみつ》である。写真のエレファント・イヤー・スポンジの骨片は、ガラスの原料にもなるケイ素からできている。カイメンの体には小さな穴が多数あり、そこから海水を吸い込み、中に含まれる細かいくずをこしとって食べる。

クラゲの傘には
水がつまっている

共同生活

サンゴのなかまのヤギ類は、ポリプという小さな動物が何千匹と連結してできた群体《ぐんたい》だ。柔らかいポリプが1匹ずつ土台にはまっていて、その土台どうしがくっついてつながりあい、扇のように広がった枝状のかたちができあがっているのだ。右の写真で赤く見えるのが土台である。ヤギ類の土台は柔軟《じゅうなん》だが、サンゴ礁をつくるサンゴのなかまは、炭酸カルシウムでがっちりした土台をつくる。

タイヤのようにぱんぱんに

ミミズの細長く柔らかい体は、たくさんの体節がつながってできている。ひとつひとつの体節の中には液体がつまっていて、空気でぱんぱんのタイヤのようにふくれているため、土の中に潜っていくこともできるのだ。ミミズは、筋肉を波打つように収縮《しゅうしゅく》させて伸び縮みしながら移動する（46ページ参照）。

イソギンチャクの内部

イソギンチャクはクラゲやサンゴのなかまで、基本的な体のつくりはよく似ている。体の中央には上向きに口が開き、毒針をしこんだ触手がまわりをぐるりと囲む。口の奥にぽっかりとあいた空間が胃ぶくろで、食べたものはそこで消化される。たいていのイソギンチャクは、下側の面が平たく吸盤《きゅうばん》のようになっていて（足盤という）、岩にぴたっと付着している。だが、砂地にすむもののなかには、球状になった下部（底球《ていきゅう》とよぶ）を砂の中にしっかりさしこんで、体を安定させているものもある。

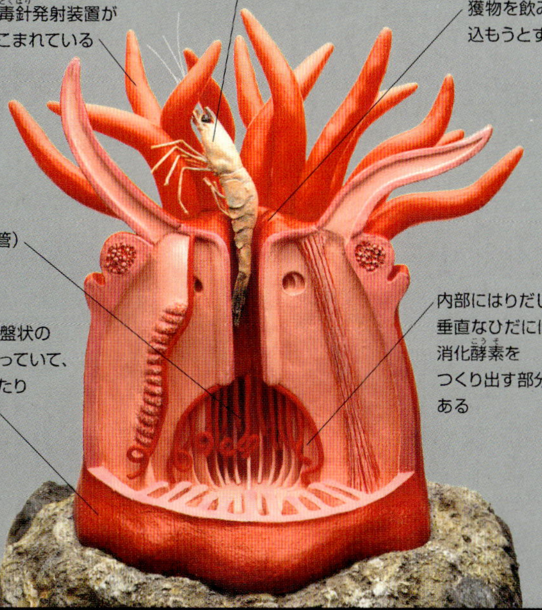
リング状に生えた触手には、
刺胞《しほう》という毒針《どくばり》発射装置が
たくさんしこまれている
獲物にされたエビ
獲物を飲み
込もうとする口
胃（消化管）
下部は吸盤状の
足盤になっていて、
岩にぴったり
はりつく
内部にはりだした
垂直なひだには、
消化酵素《こうそ》を
つくり出す部分が
ある

みんな最初は柔らかい

硬《かた》い体の動物でも、生まれたばかりのころは柔らかいものが多い。成長とともに硬くなっていくのだ。節足《せっそく》動物は、体内には骨がないが、体の外側が硬い外骨格《がいこっかく》でおおわれている。母サソリの背中に乗ったサソリの子どもたちはまだ柔らかいが、何回か脱皮《だっぴ》をくり返すうちに、外骨格が硬くしっかりしたものになっていく。

体をおおう貝などの殻

貝の殻《から》は体を支える骨格であると同時に、移動式の家でもある。
かたちを保ち、外敵から柔《やわ》らかい体を守ってくれる。
また陸上では乾燥《かんそう》を防いでもくれる。海辺でくらす生物のなかには、
引き潮のときには殻のなかにこもって乾燥に耐えるものもいる。
貝殻のある動物としておなじみなのは、軟体《なんたい》動物だ。
厚みがあってしっかりとした殻は、海水や食物から吸収した
炭酸カルシウム（石灰質《せっかいしつ》）を、いくえにも重ねてつくり出したものだ。

らせん型の家

カタツムリなどの巻貝（腹足類《ふくそくるい》）は
時計まわりの殻をもつ。
中身が成長するにつれ、殻も外側に
新しい部分が付け足されて大きくなっていく。
危険がせまったときには殻の中に身を隠せる。

2枚のよろいで身を守る

ホタテガイなどの二枚貝も軟体動物のなかまだ。
カスタネットのようにつながった2枚の殻は、
強力な筋肉でぴったりと閉じることができる。
採食するときは殻を開き、危険が迫ると殻を
閉じるのが普通だが、ホタテガイはひとあじ違う。
殻を閉じたり開いたりして勢いよく水を打ち出し、
その場からさっさと逃げ出すのだ。

貝殻の内側には外とう膜が広がって、
体の表面をおおう

奥には隠し部屋が

オウムガイの殻もらせん状に巻いているが、
巻貝の殻とは違い、中は壁で仕切られ、
いくつもの部屋に分かれている。オウムガイ
本体は、いちばん外側のいちばん大きな部屋にすむ。
奥の部屋にはガスがつまっていて、オウムガイは
それを利用して浮力を調節しながら泳ぐ。

よろいを背負う

ヒザラガイは軟体動物のなかでもちょっと変わって
いる。8枚の板状の殻が1列に並んでいるが、
殻は全体をおおわず、殻からはみ出した
部分は、分厚い外とう膜（軟体動物の
体をおおう筋肉質の膜）でガードされ
ている。殻のまわりに、スカートのよ
うに外とう膜が広がったかたちだ。殻
と殻は蝶番《ちょうつがい》式につながってい
るので、岩の表面を移動するときは、
でこぼこに合わせて体を曲げ、密着
してはっていける。岩から取りはずすと、
ヒザラガイは下側の面を内側にして丸くなり、
柔らかいところを守ろうとする。

嵐がきても大丈夫

カサガイはかなりタフな生きものだ。
円すい型の殻は、激しい波がかかってもびくともせず、鳥に襲《おそ》われても十分耐えられる。カサガイは岩の表面に穴を掘り、引き潮のときにはその中にぴっちりはまりこむ。潮が満ちてくると、穴からはい出して海藻《かいそう》を食べに出かけていくが、次の引き潮までに戻ってきて、前とまったく同じ場所に落ち着くのだ。

棘皮《きょくひ》動物の殻

ウニやヒトデなどの棘皮《きょくひ》動物も、体の外側は殻でおおわれている。この殻も石灰質からなり、表皮のなかに埋まった多数の小さな板からできている。ヒトデでは、板と板は筋肉でつながっているので、5本の腕を伸ばしたり曲げたりできる。ウニでは、板ががっちり結合して硬い入れものになり、さらにその上を鋭いトゲがおおって身を守る。

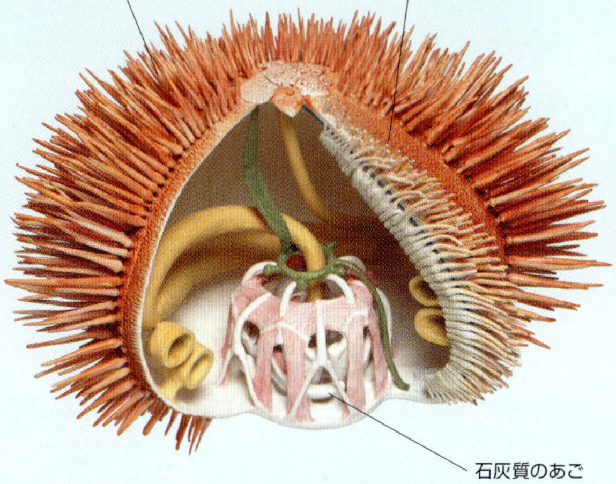
可動式のトゲ
板がつながってできた
ボール型の殻
石灰質のあご

ウニの殻の模型

表側の貝殻には
たくさんのうねが走り、
殻を強化している
ずらっと並ぶ単眼

コウイカの甲

体の内側にある殻

ほかの軟体動物と違い、コウイカの殻は体内にある。「いかの甲」と呼ばれるこの平たい殻はガスを含んでいて、浮きの役割をする。ガスの量は調節できるので、海面に向かって浮上したり海底に向かって沈んだり、自由自在だ。コウイカ以外のイカの体内にも、「いかの骨」などとと呼ばれる薄い殻があるが、こちらは浮きとしては使えない。

外骨格

昆虫類《こんちゅうるい》、クモ類、甲殻類《こうかくるい》、ムカデなどの節足《せっそく》動物は、
地球上の動物全体の5分の4以上を占める。
節足動物は、柔軟な関節でつながった外骨格《がいこっかく》でおおわれている。
この外骨格はキチン質というプラスチックのような物質からなり、
それに各種のミネラルが加わって強度を増している。
傷みにくく、すりきれることもないのはすばらしいのだが、
ただ困ったことに、いったんできあがった外骨格はそれ以上大きく
できない。そこで、節足動物が成長するときには、脱皮して
外骨格を脱ぎ捨て、この問題を回避している。

よろいのような防御

いつでもかかってこい、とばかりに
角のような巨大なあごをふりかざす雄のクワガタムシ。
甲虫《こうちゅう》のなかまのクワガタムシは、
キチン質のがんじょうな外骨格をもつ。
硬い前翅《ぜんし》は鞘翅《しょうし》と呼ばれ、透明な後翅《こうし》を守る。
角のように見える大きなあごは、
中が空洞で案外軽い。クワガタムシは、
よろいを全身にまとっているにしては上手に飛ぶ。
ただしあまり速くは飛べないが。

強固な板状の骨格が
融合してできた、
箱形の頭部
力強い大あごで
ライバルの雄と闘う
翅と脚の筋肉を守る
胸部の外骨格
前翅（鞘翅）は硬く、
腹部を保護する
細長い管状の脚には
関節が5つある

体節がつながってできた体

節足動物の体は多数の体節《たいせつ》からできている。ムカデのなかまでは、同じような構造をした体節が前後にずらっと並び、ひとつひとつの体節は硬い板状の外骨格でおおわれる。体節内部には筋肉があり、脚の中まで伸びるものもある。

体節と体節のつなぎ目は
関節のようになっていて体
を曲げられる

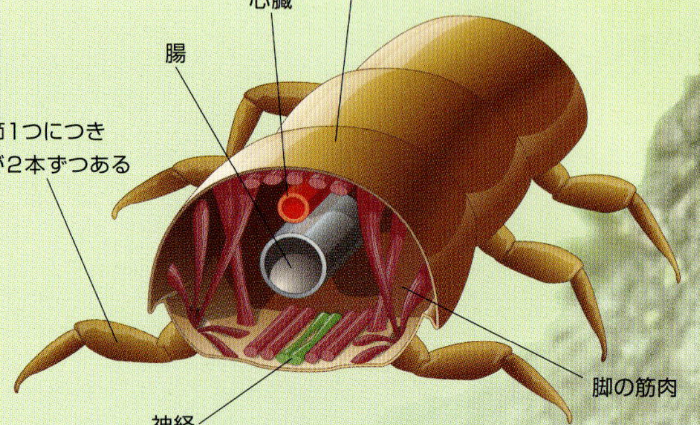

心臓
板状の外骨格
腸
体節1つにつき
脚が2本ずつある
脚の筋肉
神経

体節の内部構造

光沢のある外骨格表面（クチクラ）には、防水ワックスのような成分が含まれる

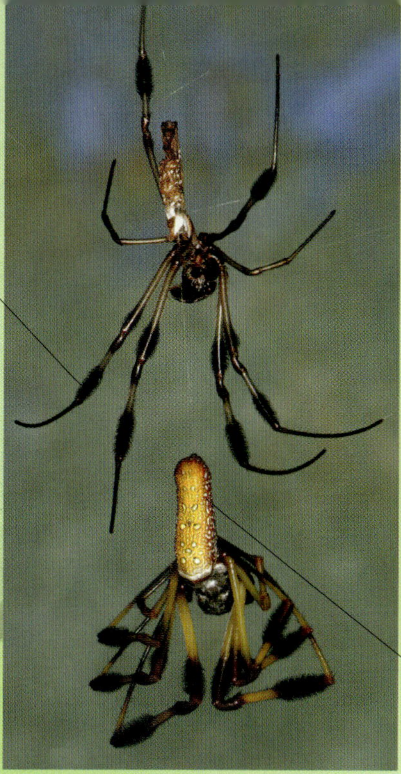

脱ぎ捨てた抜け殻。表面の体毛までそのまま残っている

脱皮したばかりのクモ。新しいクチクラが乾燥して硬くなるにつれ、いまはまだ縮めている体を伸ばし、脚を広げる

おニューのコート

絹のような細い糸で逆さまにぶらさがるジョロウグモ。脱皮して、外骨格の古いクチクラを脱いだばかりだ。脱皮にはややこしい手順がある。まず、古いクチクラの内側に新しいクチクラができ、古いものが新しいものからはがれて浮いてくる。そのうち古いクチクラが背中のところで裂け、クモはそこから体を抜き出すように出てくる。手ぶくろを脱ぐように、脚の1本1本を古い殻から引き抜かなければならない。節足動物のなかには一生脱皮をくり返すものもいるが、昆虫は、成虫になって翅《はね》が生えると脱皮をやめるものがほとんどだ。

頭の先からつま先まで

バッタの外骨格は、触角《しょっかく》や目も含めて体の表面をすきまなくおおっている。昆虫には、呼吸器官として働く気管《きかん》という管がある。気管は、体表にあいた気門という穴から体の奥深くまで入りこんでいるが、その内表面もクチクラでおおわれている。脱皮するときは、気管の奥まで古いクチクラをすべて脱ぐのだ。

腹部には気管の入り口である気門が並ぶ

気門の拡大図

水中では巨人だが

タカアシガニは世界最大の節足動物で、脚を広げた幅は最大4mにもなる。ほかの甲殻類《こうかくるい》と同様、炭酸カルシウムを含む硬い外骨格をもつ。こうらは頭部を守り、力強い爪は貝殻をやすやすと割ることもできる。だが陸上にひきあげられると体重を支えきれず、ほとんど動けなくなってしまう。

雌をしっかり捕まえる雄の腹部

雌は腹部を前方に曲げて雄の体にくっつけている

優雅な抱擁《ほうよう》

車輪のようにつながりあったイトトンボのなかま。外骨格のしなやかさがよくわかる。雄は、多くの体節からできた長い腹部をぐっと曲げ、雌の頭部のすぐ後ろを捕まえている。

穴の中に身を潜め

サンゴ礁《しょう》の穴から顔を出し、羽毛のような触角《しょっかく》を振りまわすニシキカンザシヤドカリ。食物を集めているのだ。カニやエビと同じく、ヤドカリも甲殻類《こうかくるい》に属する。硬い殻《から》をもち、開けたところにすむカニなどと違って、ヤドカリの腹部は柔らかい。このヤドカリは、カンザシゴカイがサンゴにあけた古い穴の中に潜《ひそ》んで身を守っている。だが、少しずつ成長してそのうち穴におさまらなくなるため、数カ月ごとに新しいすみかを探して引っ越さなければならない。危険なのはそのときだ。引っ越しは、捕食《ほしょく》者に見つかりにくく攻撃されにくい夜間に行われることが多い。

脊椎動物の骨格

脊椎《せきつい》動物のなかには、地球上で最大の動物や最速の動物がいる。
大きな体や敏速な動きを可能にしているのは、軽量かつきわめて丈夫な内骨格《ないこっかく》だ。骨格は筋肉が付着する土台となり、関節で柔軟《じゅうなん》に曲がる。
骨は生きている組織で、体の成長につれて骨も成長する。
骨折などした場合も、時間はかかるが骨が自分で修復《しゅうふく》して治る。
脊椎動物は、大きさや姿かたちはさまざまだが、みんな共通して背骨《せぼね》（脊椎）をもっている。また、足が4本あるものも多い。

ゼニガタアザラシ

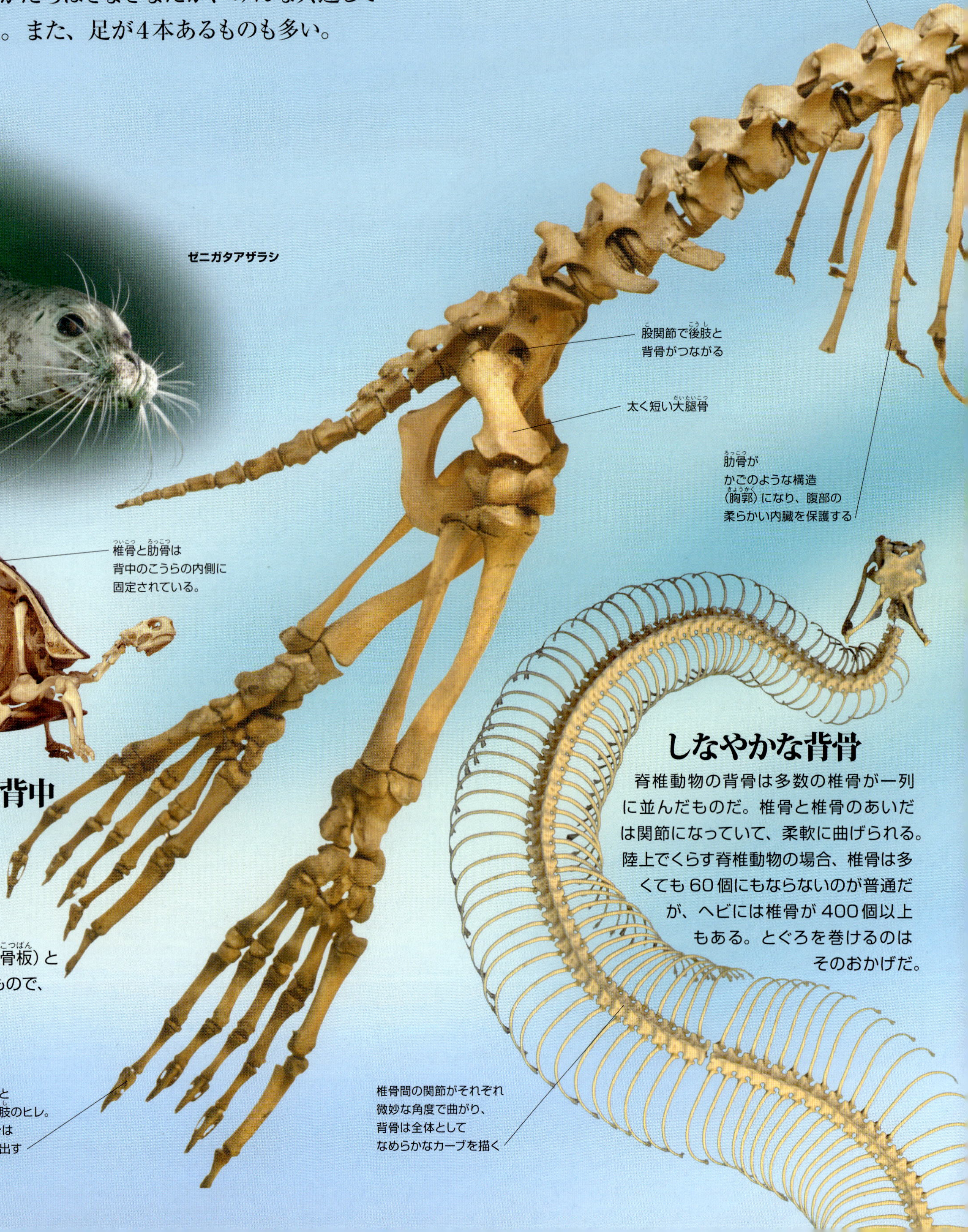

背骨は
40以上の椎骨からなり、
あいだに軟骨板がはさまっている
股関節《こ》で後肢《こうし》と
背骨がつながる
太く短い大腿骨《だいたいこつ》
肋骨《ろっこつ》が
かごのような構造
（胸郭《きょうかく》）になり、腹部の
柔らかい内臓を保護する
多くの小さい骨と
関節からなる後肢《こうし》のヒレ。
推進力の大部分は
このヒレが生み出す
椎骨間の関節がそれぞれ
微妙な角度で曲がり、
背骨は全体として
なめらかなカーブを描く

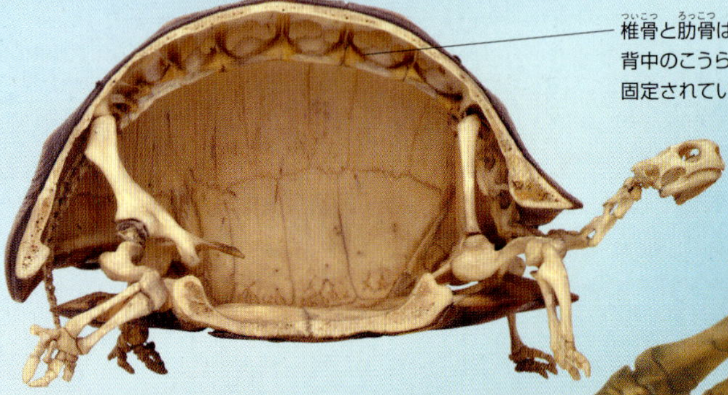

椎骨《ついこつ》と肋骨《ろっこつ》は
背中のこうらの内側に
固定されている。

がっちり固められた背中

カメの骨格は、ほかの脊椎動物のものと基本的には同じだが、背骨の大部分がこうらと融合しているのが特徴だ。背中のこうら（背甲《はいこう》）は板状の骨（骨板《こつばん》）と角質《かくしつ》のウロコ（甲板）が融合したもので、攻撃《こうげき》から身を守ってくれる。

しなやかな背骨

脊椎動物の背骨は多数の椎骨が一列に並んだものだ。椎骨と椎骨のあいだは関節になっていて、柔軟に曲げられる。陸上でくらす脊椎動物の場合、椎骨は多くても60個にもならないのが普通だが、ヘビには椎骨が400個以上もある。とぐろを巻けるのはそのおかげだ。

柔軟な骨組み

ゼニガタアザラシの骨格は、200種類以上の骨でできている。
頭骨など、複数の骨が融合《ゆうごう》したところもあるが、
それ以外の部分の骨は関節でつながっている。
骨と骨のあいだには弾力のある軟骨がはさまり、
関節の動きをなめらかにしている。
骨格の重さは体重全体の10分の1にもならない。

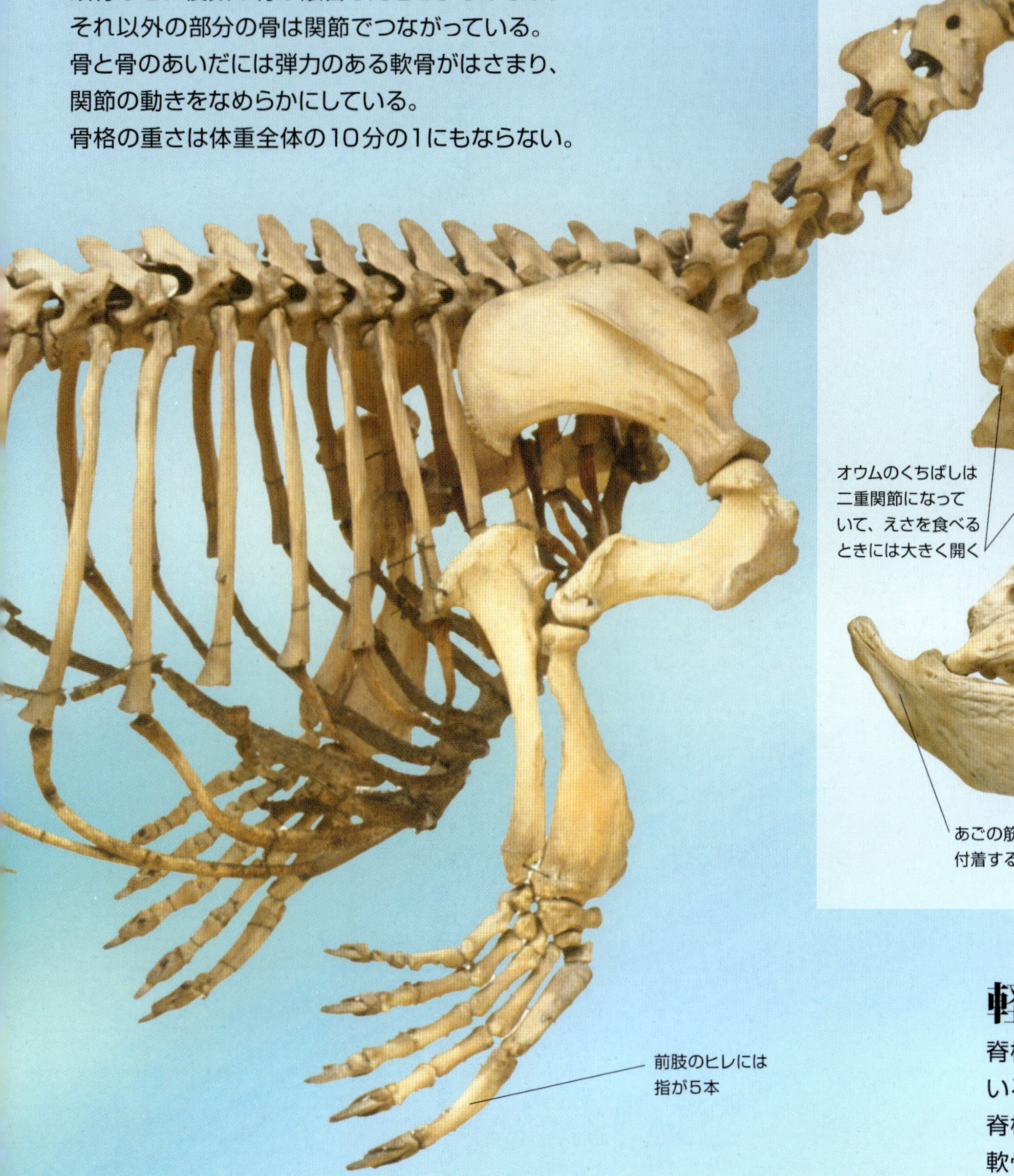

前肢のヒレには
指が5本

頭骨

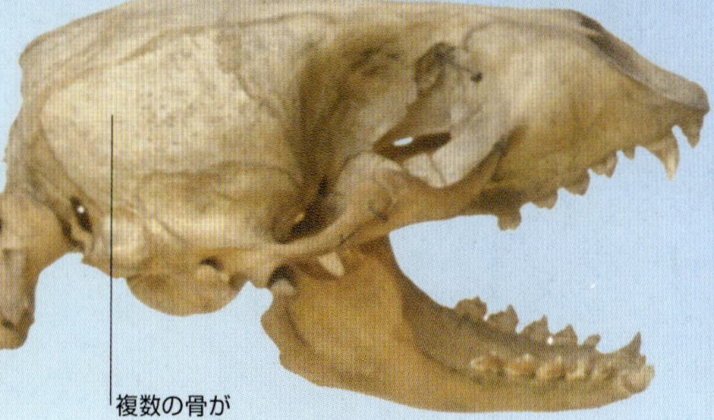

複数の骨が
融合した頭蓋《ずがい》

大きな脳のいれもの
哺乳類《ほにゅうるい》の頭骨は脳の入るところが大きい。また、哺乳類の歯には、切歯《せっし》・犬歯《けんし》・臼歯《きゅうし》の3種類があるが、ほかの脊椎動物ではそのような区別はなく、歯はどれも同じかたちをしている。

蝶番式《ちょうつがいしき》のくちばし
鳥類のくちばしは、骨の表面がケラチンでおおわれたものだ。羽毛や蹴爪《けづめ》もケラチンでできている。オウムなどでは、くちばしが上下ともに頭骨と関節をなしていて、口を大きく開けてえさを食べることができる。

オウムのくちばしは
二重関節になって
いて、えさを食べる
ときには大きく開く

巨大なあご
ワニのクロコダイルのあごは、いくつかの骨が融合したものだ。哺乳類とは違い、爬虫類《はちゅうるい》の歯には円すい形のものしかない。この歯は、一生のうち何度でも生え替わる。

あごの筋肉が
付着するところ

とがった歯で
肉を引き裂く

軽量骨格

脊椎動物の骨格は硬い骨（硬骨《こうこつ》）でできていて、関節に軟骨《なんこつ》がはまっているのが普通だが、サメやエイのなかまでは様子が違う。
脊椎動物のなかまではあるが、骨格全体が軟骨でできているのだ。
軟骨は硬骨ほど強くないが、そのかわりかなり軽い。だがいくら軽いとはいえ、海にすむサメは常に泳ぎ続けていないと沈んでしまう。

長い足、速い足

オオカミの肢の骨もアザラシと同じパーツからできているが、
プロポーションはかなり異なる。アザラシに比べ、
オオカミの肢のおもな部分はかなり長く、
逆に指の骨は短い。疲れずに速く走れるように、
よく適応したプロポーションだ。

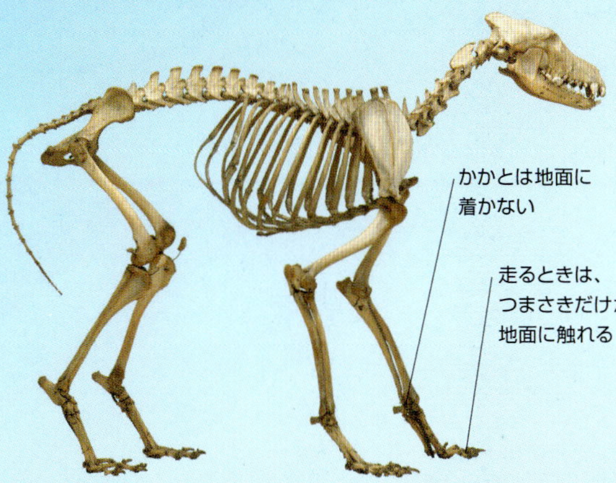

かかとは地面に
着かない

走るときは、
つまさきだけが
地面に触れる

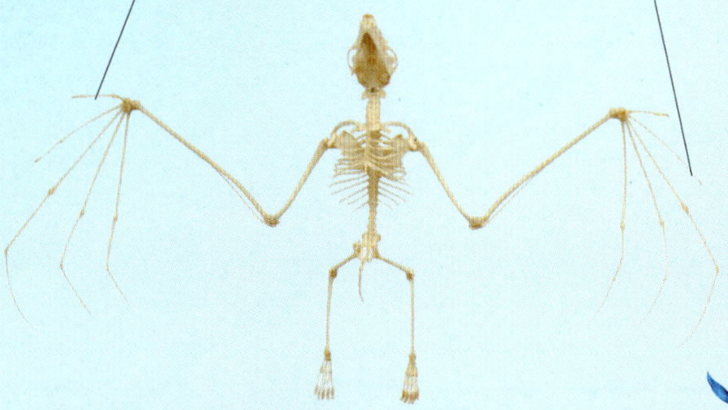

親指は飛行には使わない

飛行中は指を開いて伸ばす

指で支える翼

コウモリの翼《つばさ》は皮膚《ひふ》でできている。
指の骨がものすごく細長く伸び、そのあいだに
皮膚《ひふ》が張られているのだ。この翼をはばたかせて空を飛ぶ。
左右8本の指をあやつって翼の先にひねりをきかせれば、
方向転換も自由自在だ。

柔らかい軟骨で
できたサメの背骨

サメのX線
写真に着色
したもの

皮膚

脊椎《せきつい》動物の体は
皮膚《ひふ》でおおわれている。
多くの動物では、皮膚の表面を
さらに毛や羽毛がおおい隠している。
だが、動物によっては、皮膚が体を
守るおもなバリアとして働いている。
皮膚は柔軟で、いろいろな役割をもって
いる。水を逃がさず、雑菌《ざっきん》が体内に入れ
ないようにしている。
また皮膚は、コミュニケーションに役立ったり、
身を隠すのに使われることもある。
体のなかでいちばん盛んに分裂しているのは
皮膚の細胞《さいぼう》だ、といってよいだろう。
それもそのはず、皮膚ほどよく働いて消耗《しょうもう》する器官は
ほかにないからだ。

マイルカ

粘液が分泌されて水気を保つ皮膚。皮膚には毒も分泌されている

両生類の皮膚

人間の皮膚とは違い、両生類《りょうせいるい》の皮膚には粘液《ねんえき》を分泌《ぶんぴつ》する腺《せん》がある。毒腺《どくせん》をもつ両生類も多い。毒腺は体じゅうに散らばっていることもあるが、捕食者がいちばんかみつきやすいところに固まっていることもある。皮膚の表面からは、酸素が吸収されて毛細血管に取り込まれ、逆に二酸化炭素が外界に放出される。

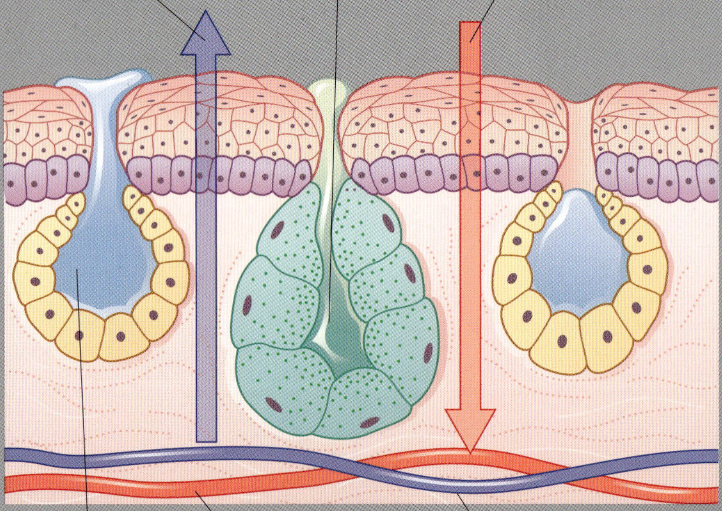

老廃物の二酸化炭素が体表から放出される
毒腺
酸素は皮膚を通って血管へ取り込まれる
粘液腺
酸素を豊富に含む血流
酸素をあまり含まない血流

派手な皮膚は見せるため

草の茎にしがみつくアイボリーコースト・ランニングフロッグ（セネガルガエルのなかま）。派手な模様を見せつけるかのようだ。鮮やかな色は捕食者への警告で、自分の皮膚には毒腺があると宣伝するものだ。皮膚がごく薄く、湿っていて酸素《さんそ》を吸収できるので、このカエルは陸上でも水中でも呼吸可能だ。また腹部の皮膚には水を吸収できるシート・パッチという部分があり、水たまりに腹をつければ、腹から水が飲める。皮膚のコンディションを保つため、このカエルは2～3日ごとに脱皮し、脱いだ皮は自分で食べてしまう。

高速泳法の秘密は皮膚に

魚の体表は粘液《ねんえき》が分泌されてぬるぬるしているが、イルカは違う。イルカが泳ぐと皮膚の表面から細胞がどんどんはがれ落ち、また皮膚には細かいしわがさざ波のようにできる。はがれ落ちる細胞とこのさざ波のおかげで、イルカが水から受ける抵抗《ていこう》は、人間が泳ぐときの100分の1ほどにしかならない。そのため、高速で泳ぐことができるのだ。

自己修復機能つき

闘って顔にけがをしたライオン。小競り合いや事故などで皮膚が傷つくのは、よくあることだ。傷ついた皮膚はすぐに修復にとりかかる。傷んだところを凝固《ぎょうこ》した血液がおおい、皮膚の細胞は増殖《ぞうしょく》をはじめて瘢痕《はんこん》ができる。瘢痕組織は正常な組織に比べ、硬く弾力に乏しく、血管や神経があまり通わない。

瘢痕《はんこん》には毛が生えない

見栄えがいいとはいえないが

ハゲワシ類はあまり美しいとはいえない。だが、頭と首がはげているのは、屍肉《しにく》を食べるのに理想的なスタイルなのだ。死体の中に顔をつっこんでも羽毛に血がついたりしないからだ。多くの脊椎動物と同じく、ハゲワシの皮膚は2層重ねになっている。奥の層は血管や神経が通る真《しん》皮《び》だ。表面の層は表皮で、細胞が何層にも重なっている。表皮のいちばん下ではさかんに細胞分裂が行われ、細胞は上に押し上げられながらケラチンというタンパク質を蓄積していき、そのうち死ぬ。皮膚の表面にはこの死んだ細胞が重なって角質層をつくり、防水性のバリアとなっているのだ。

化学工場

動物の皮膚ではさまざまな化学物質が生産されている。捕食者から身を守るための物質もあれば、環境から身を守るために分泌される物質もある。

いぼのような出っぱりは耳腺《じせん》といって、毒性のある物質を分泌する

有毒な皮膚
イモリのなかまであるマダラサラマンドラの皮膚には、捕食者よけの毒が分泌されている。耳腺《じせん》といういぼのような突起が、背中に2列、目の後ろ側に1対あり、そこで毒がつくられる。

自前の日焼け止め
カバの皮膚からは油滴が分泌され、日光中の紫外線をさえぎってくれる。この油滴は、水中でころげまわっても、皮膚の傷から雑菌が入り込まないようにする働きもある。

自家製の寝ぶくろ
ブダイのなかには、日が沈むと岩の割れ目に隠れ、皮膚から分泌した粘液でまゆをつくるものがいる。ゼリーのように身を包むまゆは、おそらくブダイのにおいを隠す役割があるのだろう。おかげで捕食者や寄生者に見つけられずに眠れるというわけだ。

毛皮と体毛

毛のようなものの生えた無脊椎《むせきつい》動物もいるが、
哺乳類《ほにゅうるい》の毛皮や体毛とは異なっている。毛皮は
熱や寒さをさえぎり、カムフラージュの役に立つこともある。
哺乳類のなかには、毛の密度が驚くほど高いものもいる。
たとえば、カワウソの皮膚《ひふ》 1cm^2 に生えている毛は約150,000本。
へたすると人間の頭髪《とうはつ》ひとり分である。
毛は表皮の毛包《もうほう》から生えてくる。
毛包には小さな筋肉が付属していて、その収縮《しゅうしゅく》によって
毛が立つ。

成長につれて着替える毛皮

森林地帯の哺乳類《ほにゅうるい》の多くは、成長につれて毛皮の色が変わる。イノシシの子どもは茶色と黄色の縞《しま》模様だが、生後5カ月になるころには濃い茶色一色に変わる。シカのなかまでは、生まれたときには斑点《はんてん》模様があるが、多くの種では1歳になるまでに斑点が消える。縞も斑点もカムフラージュの役目があって、葉のまだらな影にまぎれて子どもたちが目立たないようにしてくれる。

長い剛毛《ごうもう》が毛皮の表面をおおう

毛皮断面の拡大図

下毛には空気が含まれて熱を逃がさない

冬には冬の

アラスカのツンドラで寄り添うジャコウウシ。冬用の暖かい毛皮をまとっているので寒さに耐えられる。毛皮の外側には濃茶色の剛毛《ごうもう》（122ページ参照）が長く伸びている。この剛毛が雪や冬の強風から体を守ってくれるのだ。荒くもじゃもじゃの剛毛の下には、短めの、ウールのような下毛が生えている。下毛は、動物の世界でもっとも軽くかつもっとも温かいものといってもよいだろう。ほかの有蹄類《ゆうているい》と同じように、ジャコウウシも年に2回毛が生え替わり、夏には短めで涼しげな毛皮をまとう。

イノシシの子どもの毛色は、母親の暗色の剛毛とは対照的だ

長い剛毛は、
昆虫を食べる鳥や
寄生バチを寄せつけない

ヒトリガの幼虫

無脊椎動物の「毛」

昆虫やクモにも体表に毛が生えているものがいる。
この毛はケラチンではなく、外骨格と同じく
キチン質でできている。
大型のガやマルハナバチに生えた剛毛は、
飛翔筋《ひしょうきん》を温かく保つためのものだ。
一方、チョウやガの幼虫である毛虫の場合は、
毛で自己防衛している。見たところは害がなさそうでも、
うっかり触《さわ》るともろく崩れて中に含まれる化学物質が放出され、捕食者《ほしょくしゃ》を撃退《げきたい》するのだ。

ウェットならぬドライスーツ

カワウソが水に潜って外側の毛皮がぬれても、
皮膚は完璧《かんぺき》に乾いたままだ。
陸でくらす多くの哺乳類と同様、
カワウソにも2層重ねの毛皮があって、
これが活躍しているのだ。
アジア産のコツメカワウソの毛皮表面は、
長い剛毛《ごうもう》におおわれている。
剛毛は頭から尾に向かって生え、
泳ぎやすい流線型に体のかたちを
整えてくれる。剛毛の下には
細く縮れた下毛が密生していて、
空気を逃がさないようになっている。
空気の層があるために水が入らず、カワウソの体は冷えることもぬれることもないのである。

北極の寒さから身を守る

ホッキョクグマは、北極圏を漂う氷上や水中で厳しい寒さを生き抜く。厚い毛皮の下にある脂肪《しぼう》層が、氷点下の低温から身を守る断熱材として働いている。

毛の中央は空洞で、
空気が含まれている

中空の毛
顕微鏡で見たホッキョクグマの剛毛。中空で、中に空気が含まれているのがわかる。この毛には断熱材の役割があり、熱が奪われないようにしてくれるので、体温は37℃を保つことができる。

模様でカムフラージュ

乾いた草の中にうずくまる雌のヒョウ。
美しい模様の毛皮のお陰で、獲物に気づかれにくい。斑点模様は、おもにメラニン色素による。毛の1本1本にメラニン色素が含まれ、明るい黄色から濃い茶色、黒まで、さまざまな色をつくり出す。
メラニン色素は、動物の皮膚のほかに
羽毛やウロコなどに含まれることもある。

熱の分布
赤外線で撮ったホッキョクグマの写真。この写真から体表温度がわかる。白や黄色のところがいちばん冷たいところだ。ホッキョクグマが体温をしっかり維持しているのが見てとれる。鼻など、皮膚が露出しているところは赤く映っていて、ここから大部分の熱が逃げていることがわかる。

暗色と明色の縞模様は
森の中で周囲に溶け込む

羽毛

羽毛《うもう》をもつのは鳥類だけだ。羽毛があるおかげで鳥は空を飛べる。だが、羽毛の働きはそれだけではない。熱を逃がさず、体がぬれないようにしてくれるのだ。求愛のディスプレイやカムフラージュでも重要だ。羽毛は哺乳類《ほにゅうるい》の毛と同じくケラチンでできていて、皮膚《ひふ》表面に生える。1羽の鳥には、体をおおう綿羽《めんう》と翼や尾に生える正羽《せいう》とを合わせ、多くて25,000本以上の羽毛が生えている。

翼が打ち下ろされるとき、風切り羽の羽弁が空気を押さえつける
体をおおって流線型の輪郭《りんかく》をつくり出す正羽
翼への空気の流れを整える雨おおい
舵《かじ》取りの役割をする初列風切り羽

飛行編隊

アマゾンの熱帯多雨林上空を高速で飛ぶ、2羽のコンゴウインコ。赤と緑の衣装《いしょう》がまばゆい。空とぶ鳥の体には正羽が重なり合い、輪郭《りんかく》をなめらかに整えている。翼には風切り羽が整然と並ぶ。なかでも、長くて翼の先のほうに生えるものを初列《しょれつ》風切り羽という。雨おおいという短めの羽毛が風切り羽の根元をおおい、揚力《ようりょく》をつくり出すのに貢献《こうけん》している。

ハイイロガン

水に入ってもぬれません

アヒルやガンは水鳥だが、水にはぬれない。頭から水をかぶっても、水は水滴となってころがり落ちていくだけ。正羽に、顕微鏡《けんびきょう》でなければ見えないようなウロコ状の構造があって、水をはじくのだ。防水性の合成繊維《せんい》と同じようなしくみである。さらに、尾腺《びせん》から出る油をくちばしで羽毛にぬりつけて、防水加工をほどこしている。唯一、ウのなかまは水に潜《もぐ》って魚を捕まえると全身ずぶぬれになるので、陸に戻ったら、翼を広げて羽毛を乾かさなければならない。

羽毛の種類

綿羽（ダウン）
綿毛のような糸が生えた綿《めん》羽《う》は、鳥の皮膚のすぐ上をおおい、暖かい空気の層を含んでいる。クッションのように体を守る働きもする。

正羽
正羽の根もと近くには柔らかい糸があり、それ以外の部分は羽枝《うし》が重なり合って、平たい羽弁になっている。鳥の体を流線型に整える役割がある。

風切り羽
風切り羽の羽弁はなめらかで、ごく軽い。中央の硬い羽軸の両側には、何百本もの細い羽枝が生えている。

修理中でも使えます

羽毛はデリケートなので、使っているうちにぼろぼろになる。特に風切り羽は激しく消耗《しょうもう》する。ベストコンディションを保つために、羽毛は定期的に抜け落ちて新しいものと生え替わる。このオナガイヌワシの風切り羽は、一度に2～3枚という決まったペースで生え替わっている。たいていの鳥は、これと同じようなパターンで羽が生え替わっていくが、水鳥は別で、風切り羽が一度にまとめて抜けてしまう。

新しい羽根が生えそろうまでは空を飛べないので、羽根が抜ける時期になると、水鳥は水辺にいる捕食者から十分に距離をおくようにする。

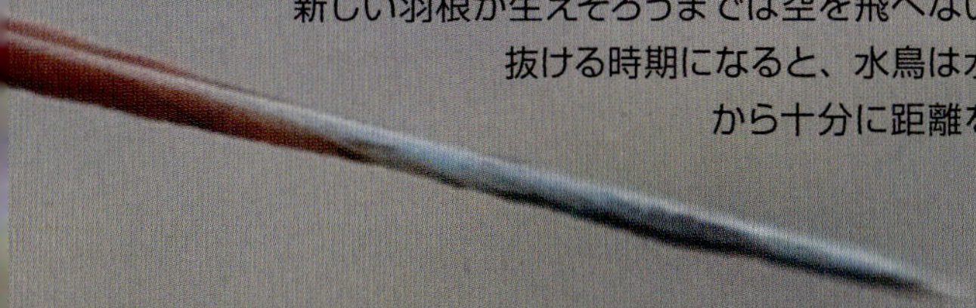

1本1本、ファスナーを閉じるように

カケスの風切り羽を間近でよく見ると、中央の羽軸から両側に生えた羽枝《うし》が、くしの歯のようにきれいに並んでいるのがわかる。羽枝にはカギのある小羽枝《しょううし》が多数生えている。隣り合う2本の羽枝のあいだで小羽枝がからみ合い、羽枝どうしがファスナーのようにぴったりくっつき合うので、羽全体がなめらかな平面（羽板）になるのだ。羽毛は翼の羽ばたきに合わせてなめらかな面を保ったまま柔軟にしなる。

顕微鏡で見ると小羽枝がからみ合っているのがわかる

艶やかなディスプレイ

鳥のなかには、自然界のなかでも最高級に鮮やかな色彩のものがいる。多くの鳥では、このフウチョウのように雄《オス》が美しい衣装をまとい、雌《メス》を引きつける信号としている。ほとんどの羽根の色は、生えてくるときに羽の中にたくわえられた色素によるものだ。ハチドリ(40ページ)のような光沢のある玉虫色は、色素によるものではなく、羽根の表面の特殊な微細構造に光が反射して生じる。

フラミンゴはなぜピンク色？

鮮やかな桃色の翼《つばさ》の下にくちばしをたくしこみ、食事の合間にしばし休むフラミンゴ。この色は食べものによるものだ。フラミンゴは長い肢で塩湖の浅瀬を歩き、プランクトンや小さなエビなどをこしとって食べる。このえさにカロテノイドという色素が含まれていて、それがフラミンゴの色になるのだ。えさから得た色素はフラミンゴの血液に乗って体をめぐり、皮膚《ひふ》の羽毛をつくる細胞に取り込まれる。そして、桃色色素を取り込んだ新しい羽毛ができあがり、古い羽毛に替わるというわけだ。

ウロコ

柔軟な体がウロコ状の皮膚《ひふ》でおおわれている動物には、さまざまなものがいる。ウロコは硬く小さな板状で、皮膚表面に一定のパターンで形成される。体を守る役目もあるが、移動に役立つものもある。昆虫のウロコは外骨格のほかの部分と同じく、キチン質でできている。脊椎《せきつい》動物のウロコは、歯と同じ組織の象牙質《ぞうげしつ》や、牙《キバ》や爪《つめ》と同じケラチンというタンパク質など、硬い物質からできている。いちばんがんじょうなウロコをもつのはワニのたぐいで、ウロコの下、真皮のなかにできる小さな骨片がウロコを補強している。

ふちの鋭いウロコで身を守る

まるで歩く松ぼっくり。この全身ウロコの動物は熱帯にすむ哺乳類で、センザンコウという。ウロコは薄いがふちが鋭く、襲《おそ》われたセンザンコウは体を丸めてウロコを立てる。産まれたばかりのセンザンコウのウロコは柔らかく、生後数日で硬くなりはじめる。成長したセンザンコウのウロコは、抜け落ちては生え替わって常に鋭さを保ち、林でくらすセンザンコウを守ってくれる。

ウロコでできた上着

魚の体はウロコでおおわれている。ぴったりフィットした上着のようなものだ。ウロコがあるおかげで、魚は海を泳いでいける。外洋にすむ魚には銀色に光るウロコのものが多いが、沿岸やサンゴ礁《しょう》の魚はたいていが鮮やかな色のウロコをもつ。硬骨魚《こうこつぎょ》のウロコには、成長にしたがって年輪のような線ができるので、魚の年齢を推定することも可能だ。

ヤッコダイのなかま

新しいクチクラは
つやつやしている
頭から尾に向かって、
古い皮膚がむけていく

すっぽり脱ぎ捨てる

ヘビの皮膚の表面には薄いクチクラ層があり、つるつるした手触《ざわ》りだ。クチクラには伸縮《しんしゅく》性がないので、成長するときには脱ぎ捨てる、つまり脱皮《だっぴ》しなければならない。脱皮のときは、でこぼこしたものに体をこすりつけ、全身のクチクラをまとめてすっぽりと脱ぎ捨てる。

やすりのような「サメ肌」

サメの皮膚を指でなでると、方向によっては、まるで紙やすりのような感触だ（実際に、昔はやすりとして使われていた）。ほかの魚とは違い、サメの体は小さな歯のようなウロコでおおわれている。皮歯《ひし》と呼ばれるこの構造は、水の渦《うず》や乱流を防ぐので、サメは獲物に音もなく忍び寄ることができる。

ホホジロザメ

サメのウロコ（皮歯）を顕微鏡で見たもの

ウロコの構造

どんなウロコも皮膚に固定されているが、材質や生えかたはウロコの種類によって異なっている。

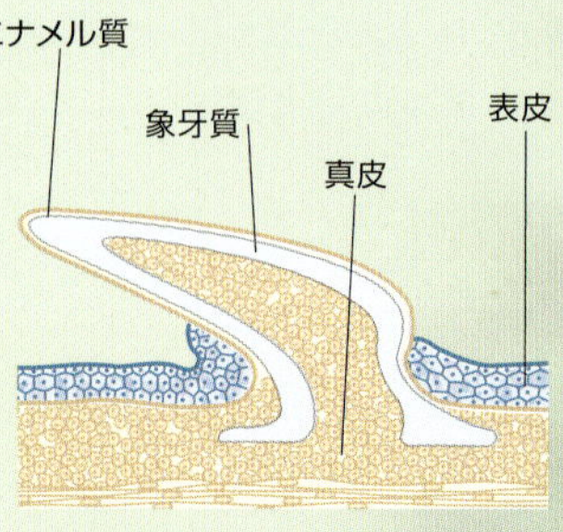
エナメル質
象牙質
真皮
表皮

サメのウロコ

サメのウロコは、象牙質とエナメル質という硬い組織からなる。歯と同じ組み合わせだ。このウロコは皮膚の奥の真皮から生えている。ウロコの寿命は数週間で、抜け落ちると新しいものが生えてくる。

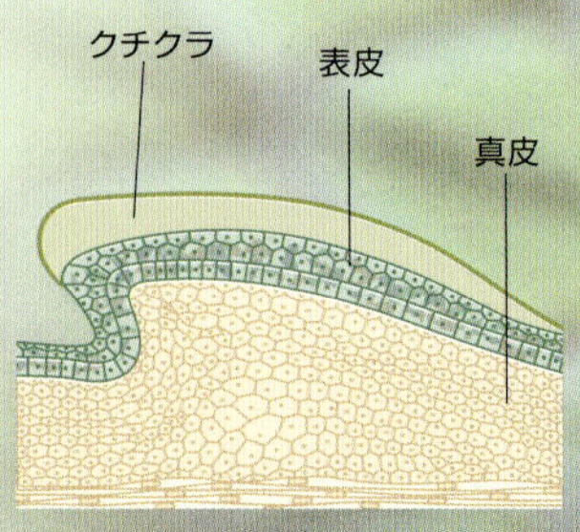
クチクラ
表皮
真皮

ヘビのウロコ

ヘビやトカゲのウロコ（角鱗《かくりん》）は、表皮のいちばん外側にある角質層が変化したものだ。平面的に並ぶウロコと、重なり合うウロコがある。ウロコ自体は一生ものだが、ウロコの表面をおおうクチクラは、年に数回、脱皮によってはげ落ちる。

翅をおおうウロコ（鱗粉《りんぷん》）

肉眼では、このクジャクチョウの翅《はね》はビロードのようになめらかに見える。ところが、顕微鏡で観察すると、この羽根の表面には、ウロコが屋根がわらのように重なって並んでいるのがわかる。このウロコは鱗粉と呼ばれている。鱗粉は平たくて、中は空洞になっている。チョウの翅の美しい色彩は、この鱗粉がつくり出しているのだ。

翅の地の色は、鱗粉《りんぷん》に含まれる色素によるもの

光沢のある目玉模様は、鱗粉の光の反射でつくり出されたもの

顕微鏡で見たチョウの鱗粉

鱗粉の表面に細かいうねが走り、それが光を反射してさまざまな色を生み出している

頭部のウロコの上には、目のそばの塩類腺から噴き上がった塩分が固まっている

恐ろしげなウロコ

ウミイグアナの頭部は大型のウロコでおおわれている。何かの取っ手のようなもの、アイスクリームコーンのようなものなど、さまざまなかたちのウロコがある。また背筋には、スパイクのようなウロコが並んでいる。恐ろしげな風ぼうのウミイグアナだが、実は罪のないベジタリアンで、食べるのは海藻《かいそう》だけだ。

すべりのよいウロコ

ヘビのウロコはつるつるしている。背中のウロコは体を斜めに横切るように並んでいる。腹部のウロコは大きく、縦一列に並び、地面の上をすべるように移動するのに役立っている。ほかの爬虫類《はちゅうるい》（ワニやカメ、ある種のトカゲなど）には、もっとがっちりした、よろいのようなウロコがある。ゾウガメでは、背中のこうらを構成するウロコ（甲板《こうはん》）は、さしわたし25cm近くになることもある。

ヘビの目にはまぶたがなく、そのかわり1枚の透明なウロコが眼球を保護している

動物の移動方法

はって移動する

生きものの世界は動くものばかりだ。植物でさえも動く。
太陽を追いかけて、刻々と向きを変えたりするのだ。海にすむバクテリアも、
水中をうまく移動している。だがなんといっても動きが速いのは動物だ。
動物の動きかたには、驚くほどさまざまな方法がある。
筋肉質の吸盤《きゅうばん》から羽毛でおおわれた翼《つばさ》まで、体のありとあらゆる部分が、
はったり走ったり泳いだり飛んだりするのに使われる。
はう動物は、普通、あまり速く移動できないが、ヘビのなかには、
短い距離なら時速 20km もの速さに達するものもいる。
足のない生きものにしては、なかなかあっぱれではないか。

すんなりと細い歩脚《ほきゃく》には節があって、先端には爪がある
いぼ足は短い円筒形で、先端にある小さなカギを引っかけて、枝をつかむ

尺取虫運動

尺取虫《しゃくとりむし》という呼び名は、妙な歩きかたからきている。この尺取虫は、いま胸部の足（歩脚《ほきゃく》）を枝から浮かして前方へ体を伸ばそうとするところだ。体を伸ばしたら歩脚で枝をしっかりつかみ、今度は腹部の足（いぼ足）を枝から浮かして体を曲げる。このくり返しで、きっちりと尺を取るように、枝の上を移動していく（英語では「ルーパー・キャタピラー」という。ループ、つまり輪をつくるイモムシという意味だ。写真の尺取虫は確かにきれいな輪をつくっている）。

腕の裏には足がいっぱい

ヒトデのなかまでは、それぞれの腕の下側に、管足《かんそく》という小さな足がずらっと何百本も生えている。1本1本はマッチ棒よりも細く、先端は吸盤になっている。ひとつひとつの吸盤にはたいした力はないが、なにせ膨大な本数が生えているので、全体ではかなり強力な吸着力を発揮できる。ヒトデは、この管足を使って岩の上をはう。波でひっくりかえされても、管足を使ってもとの姿勢に戻れる。イガイなどの二枚貝の殻をこじあけて中身を食べられるのも、この管足のおかげだ。

管足の拡大図

粘液を出して吸盤ではう

ガラス板の上をはうカタツムリ。吸盤のような「足」の様子がよくわかる。吸盤をもつ動物はたくさんいるが、たいていは吸いつくだけだ。ところがカタツムリの場合は、吸盤になった腹面は運動器官としての働きをもっているのだ。足（つまり腹）の筋肉は波打つように収縮《しゅうしゅく》・弛緩《しかん》する。この波は尾の先から始まって前方へと向かい、これがカタツムリを前方へ移動させてくれる。はいやすくするために、ねばねばした粘液《ねんえき》を多量に分泌《ぶんぴつ》するので、カタツムリが通るときらきら光る跡ができる。最高時速は8m だ。

粘液を分泌して、
ガラスと足のあいだの
摩擦《まさつ》を少なくする

長い柄の先にある目で
通り道を探す
波打つような筋肉の
収縮で前へ進む
嗅覚受容器《きゅうかくじゅようき》で
食物など、
周囲のにおいをキャッチする

身を落ち着けておとなになる

岩に固着するカメノテは、甲殻類《こうかくるい》でフジツボのなかまだ。生まれたばかりの小さな幼生《ようせい》は、羽毛のような脚を動かして海面近くを泳ぐ。数カ月間さまよったのち、幼生は姿を変えて岩に固着する。いったん身を落ち着けたら、そこから動くことはない。食事のしかたも変わり、泳ぎまわって食べものを探すのではなく、通り過ぎるえさを集めるようになる。これはカメノテに限ったはなしではなく、サンゴやオオシャコガイなど、多くの無脊椎動物が同じような一生を送る。

トゲも使いよう

ニュージーランド近海に生息するクラブアーチンというウニは、カラフルなトゲを動かして海底を「歩く」。硬いトゲの根元は関節になっていて、自由に角度が変えられるのだ。ウニのなかまは、トゲを使って岩に穴を掘ったり、狭いすき間にぴっちりはまりこむこともできる。

ヘビのはいかた

ヘビのはいかたには４種類がある。たいていのヘビは、地面の状況や必要なスピードに合わせて、2〜3種類を使い分けている。４種類のうち、横ばい運動は特殊な方法で、砂漠など足場のゆるいところに生息するヘビが行う。

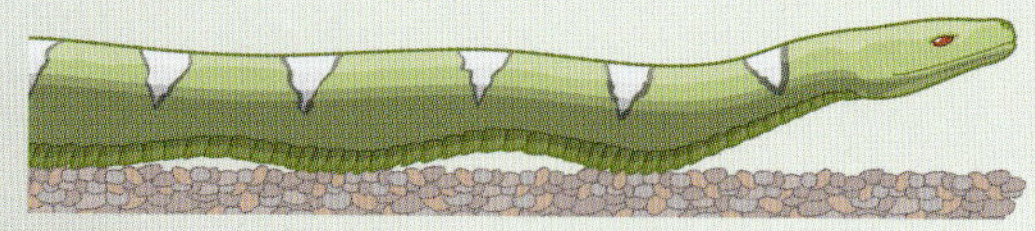

直進
ヘビがまっすぐはうときは、腹面のウロコを立てて地面にひっかけ、そこを支えに体を前方へ移動させる。ウロコの動きは前方へ波打つように移っていく。体が重くて胴体が太く、腹面のウロコが幅広いヘビが行う。

蛇行《だこう》運動
体の側面で石などを押さえ、推進力を発生させて前方へ進む方法。地上ではほとんどのヘビがこのやりかたで移動する。かなりスピードが出る方法で、水中でも同じように水を押し推進力を得て泳ぐ。

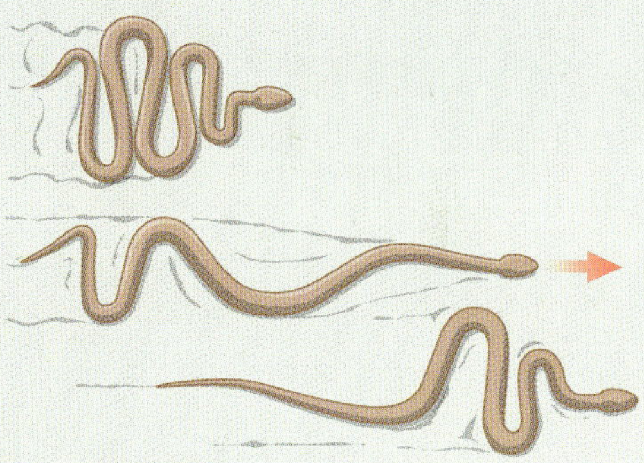

アコーディオン運動
なめらかな地表面での移動方法。体を幾重かに折りたたんでから、尾を支えにして、頭と首を前方へ伸ばす。次に首のあたりを折りたたんで固定し、尾を前へ引きつける。同じようなやりかたで、とぐろを巻きながら木に登ることもある。

横ばい運動
普通のはいかたとは異なり、体を半分ずつ浮かせて移動する方法である。まず体の後半を支えにして、前半を斜め前に向かって投げ出す。次に前半を支えに後半を引きつける。ガラガラヘビやクサリヘビが行う。砂の上にはＪの字が並んだような痕跡《こんせき》が残る。

足で歩く

足は、てこのように働いて動物を前へ移動させる。また、体を地面から浮かせる働きもある。陸上に最初に進出した足のある動物はヤスデのなかまで、4億年以上前のことだ。続いて6本足の昆虫が加わり、そのあとで4本足の脊椎《せきつい》動物が出現した。みんな、水中の生活を捨てて陸上にあがってきたのだ。最初の陸上動物は動きのゆっくりしたものばかりだったが、しだいに長くて力の強い足をもつ生きものが進化してきた。速く走れる捕食者《ほしょくしゃ》は獲物を捕まえるのがうまく、また、速く走れる被食者《ひしょくしゃ》は逃げ切る可能性が高い。現在、存在している有蹄類《ゆうているい》（ひづめをもつ哺乳類《ほにゅうるい》）の多くは時速50km以上で走れるが、全力疾走《しっそう》するチーターに比べれば、まだまだ遅い。

全速力で獲物を追う

チーターの最高速度は時速110km以上。きわめて柔軟な背骨が弓のように上下にしなって、ひとけりでものすごい距離をかせぐ。開けた場所で獲物を追い、走り出すやいなやの急加速には、自動車もかなわない。だが持久力はあまりない。体が過熱するので、1分間以上は追跡を続けられないのだ。獲物に逃げられてしまうことも多い。

ほとんど腹ばい

四肢を左右に張りだして歩く、イモリのなかまのメガネイモリ(メガネサラマンダー)。胴体は地面すれすれだ。歩くときは体を左右にくねらせるが、この動きは、四足動物が祖先の魚類から受けついだものだ。トカゲも同じようにして歩く。哺乳類では、足が胴体の下に伸びて体を持ち上げているので、もっと動きやすくなっている。

広げた足でしっかりふんばり、急角度の面でも登る

長距離ランナー

北米大陸のひらけた平野でくらすプロングホーンは、動物の長距離ランナーとしては最高に速い部類だ。最高時速は85kmを超え、時速55kmなら10分間以上平気で走る。速く走れるのは、心臓と肺が大きく、また小さなひづめで接地面積を最小にしているためだ。外見はアンテロープ類に似ているが、実はキリンに近縁である。

足の多さでは誰もかなわない

動物のなかでいちばん足が多いのはヤスデだ。750本にもなるというからすごい。小さな脚《あし》が体節1つに4本ずつ備わっている。ムカデも足が多いが、体節1つに2本ずつしかない。ヤスデは、一度に12本の脚を後方に動かして歩く。足の動きは波打つように順序よく伝わっていくので、足が足を踏んでもつれるようなこともない。

外骨格は硬くがんじょうで、くるっと丸まれば脚をガードできる

波打つような脚の動きは頭からスタートする

水面を歩く

脚をいっぱいに広げて池の水面を渡るハシリグモ。空から落ちてきた昆虫《こんちゅう》めがけて、水の上を走っていく。脚の先端部表面には水をはじく毛が生えているので、沈むことはない。このクモ以外に、アメンボも水面を狩り場とする。アメンボ類のほとんどは池や湖に生息しているが、暖かい地方では、海の波に乗ってかなりの沖まで移動するものもいる。

足の運びを切り替える

有蹄類の足の運びかた（歩様《ほよう》）にはいくつかのパターンがあり、車やバイクのギアを切り替えるように、足並みを使い分けて移動する。ウマやシマウマのなかまには4種類の歩様がある。いちばん遅いのは常歩《なみあし》（ウォーク）で、それぞれの肢が交互に地面につくので4拍子になる。速歩《はやあし》（トロット）は2拍子で、対角線上の2本の肢が同時に接地する。これは、長距離を疲れずに移動するのに適している。それより速い駆歩《かけあし》（キャンター）は3拍子だが、もっとも速い襲歩《しゅうほ》（ギャロップ）では4拍子になる。速歩、駆歩、襲歩には4本の肢がすべて宙に浮く瞬間がある。

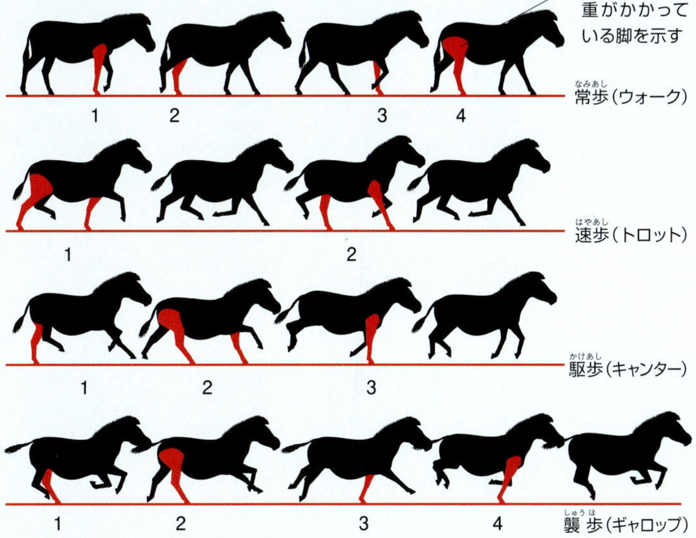

赤い部分は体重がかかっている脚を示す
1
2
3
4
常歩《なみあし》（ウォーク）
1
2
速歩《はやあし》（トロット）
1
2
3
駆歩《かけあし》（キャンター）
1
2
3
4
襲歩《しゅうほ》（ギャロップ）

長い尾がおもりの役割をするので、急激に方向転換してもバランスはくずれない
足には先のとがっていない爪があり、しっかり地面をけって推進力を生み出す。ほかのネコ類とは異なり、爪はひっこめられない

ジャンプと木登り

動物の世界には、ジャンプ力のすごいものや木登りのベテランがいる。小さな動物には、ジャンプしてその場からとりあえず逃げるというものが多いが、カンガルーは、1km以上ジャンプで進んでもほとんど疲れない。木登りは移動方法としては遅いが、木の上にしかない特別な食物を手に入れることができる。ふだんは木の上で生活し、繁殖期《はんしょくき》には地上に降りてくる動物もいるが、一生ずっと木の上でくらすものも多い。

けり出して、
まっすぐ伸びたひざ

発射！

後肢を力強くけって空中に躍り出すアカメアマガエル。発射後、肢を伸ばして指先を広げ、体全体をパラシュートのようにして飛んでいく。樹上性のアマガエル類は指先が吸盤になっていて、葉にぴたっと張りつける。目は前向きについていて、ジャンプするときに距離を見積もることができる。

指の吸盤で葉の表面に
張りついている

尾の力は強く、
体重を十分に
支えられる
親指がほかの指と向
かい合っているので
足でも枝をつかめる

5本目の肢

クモザルの長い尾は、もう1本の腕のように働く。尾を巻きつけて枝をつかむことができるのだ。尾の先端の下側には毛の生えていないところがある。いわばノンスリップ加工で、その面を内側にすると、すべらずに枝をつかめる。クモザルは熱帯多雨林の林冠、地上からはるか離れた木の上に生息している。尾だけでぶらさがってえさを食べることもある。

しっかりつかまる

木やそれ以外のものに登る生物は、いろいろな方法で、しっかりつかまって移動する。

昆虫のカギ爪

シラミは小さな昆虫で、哺乳類や鳥類の体にとりついて一生を過ごす。脚の先は鋭いカギ爪で、体毛や羽毛をしっかりつかむことができる。移動するときは、決まった順番で爪を離して伸ばし、常にいずれかの爪が体を支えるようにしている。

鳥類のカギ爪

キツツキは上手に木の幹を登る。カギ爪を幹に突きさして木にとまり、尾でバランスをとって食物を探す。キツツキは上向きにしか木登りできないが、ゴジュウカラは上向きにも下向きにも幹の上を移動できる。

指先で張りつく

ヤモリはどんな面でも登れる。つるつるのガラスでも大丈夫。指の先に、顕微鏡でなければ見えないような細い毛がびっしり生えていて、それがどんなところにも吸着するのだ。ヤモリが移動するときは、慎重に指先を引きはがして、毛先の吸着力がなくならないようにしている。

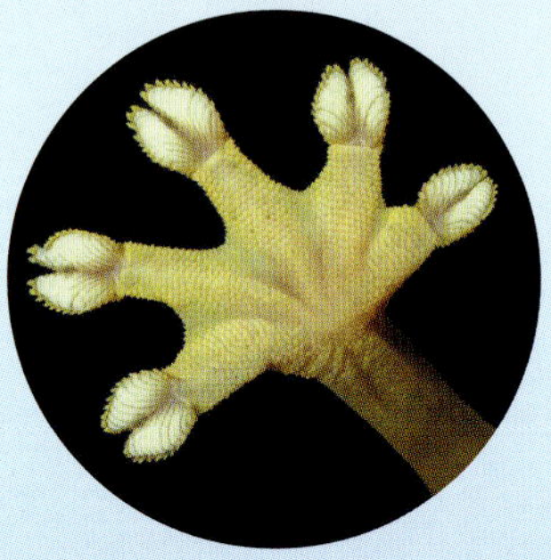

器用なヒレ

マングローブの干潟に生息するトビハゼ（マッドスキッパー）は奇妙な魚だ。空気中でも呼吸ができ、「スキップ」するように跳んで木に登り、えさを捕まえる。スキップするときは尾ビレをいきおいよく振り、木登りするときはヒレで体を支えたり吸盤《きゅうばん》のように使ったりする。

ジャンプ中には、脇腹の鮮やかな縞《しま》模様が見える
指を広げて表面積を大きくする
着地に備えて前足をかまえる。まず前足、続いて後足が地面につく
ジャンプすると派手な色がきらめいて捕食者はびっくり、そのすきに逃げ出せる

木登りするカニ

ヤシガニは木に登る。脚を広げると1m 近くにもなる大きさだが、まだ熟していない柔らかい実を手に入れようと、ずっしりした体を引き上げてココヤシによじ登る。脚で木の幹をしっかりつかみ、カギ爪でヤシの実を割る。

ジャンプのチャンピオンは誰？

体のサイズから考えると、地球でいちばんジャンプが上手なのはノミだ。ひとっとび 30cm という距離は、ノミの体長の200倍ほどにもなる。人間のトップ・アスリートも9m近くジャンプできるが、ジャンプの記録保持者は大型のカンガルーとユキヒョウで、平地なら13m 以上もジャンプできる。

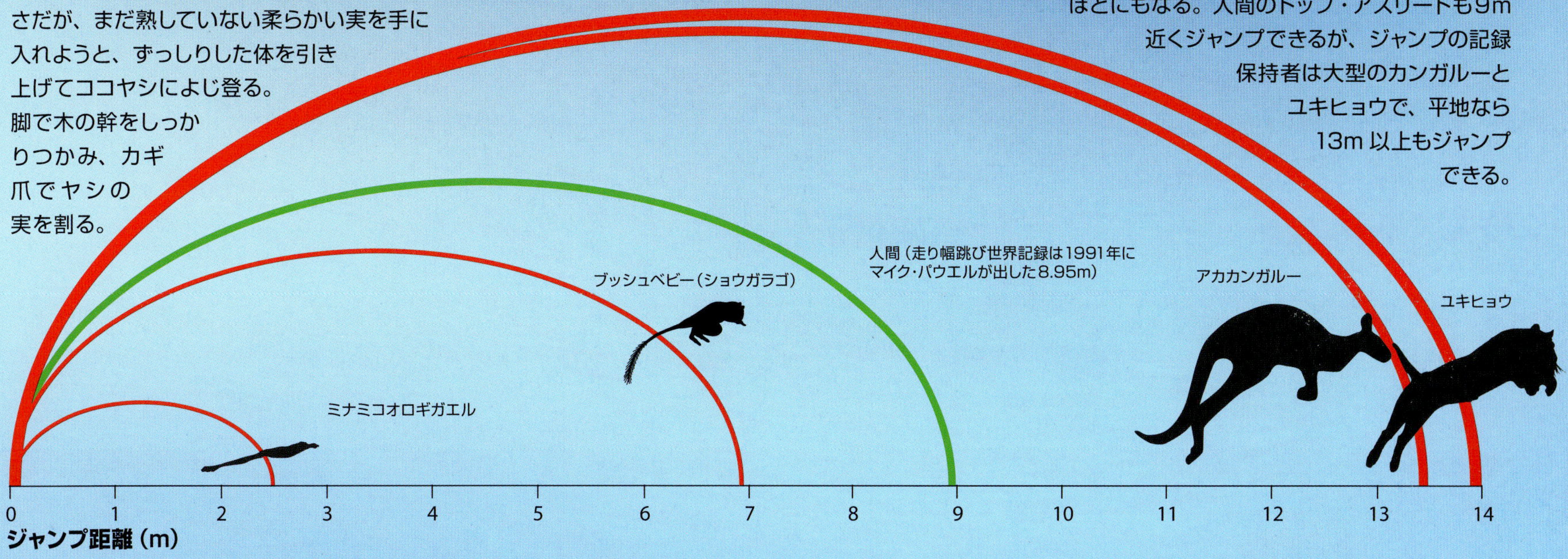
ミナミコオロギガエル
ブッシュベビー（ショウガラゴ）
人間（走り幅跳び世界記録は1991年にマイク・パウエルが出した8.95m）
アカカンガルー
ユキヒョウ
0
1
2
3
4
5
6
7
8
9
10
11
12
13
14
ジャンプ距離（m）

器用に跳《は》ねるキツネザル

南マダガスカルの乾期の森のなか、後肢で跳《は》ねていくベローシファカ。機敏なキツネザルのなかまで、一生のほとんどを木の上ですごす。樹上でも、さらにジャンプするときも、直立姿勢を保つ。おとなのベローシファカはジャンプがうまく、木から木へ 10m 以上ジャンプして跳《と》び移ることもある。地上では、綱渡りをしながらスキップしている人のように、上体をまっすぐ起こして腕でバランスをとりながら、横っ跳びしていく。

滑空する

滑空《かっくう》する動物は、上手に宙に躍り出る。だが、飛翔とは違って、筋肉の力で空中にとどまるのではない。翼やヒレ、四肢をめいっぱい広げて空中を渡っていくのだ。膜状の皮膚《ひふ》で滑空するものもいる。飛翔《ひしょう》する動物でも場合によっては滑空する。たとえば鳥は、円柱状に上昇する気流に乗れば、かなりの長距離を移動することができる。森には、短めの滑空をする動物がいる。木からジャンプし、皮膚の膜を広げてパラシュートのように使い、下に落ちながら前方への距離《きょり》をかせぐのだ。海では、トビウオが捕食者《ほしょくしゃ》から逃げるため、ヒレを使って 300m 以上を滑空する。

皮膚の膜がふくらんで凹面になり、翼のように揚力をつくり出す

着地に備えて後肢を前方へ振り出し、体を垂直に立てる

闇の中のジャンプ

手足をいっぱいに広げて弾力のある膜を広げ、木々のあいだを滑空するアメリカモモンガ。手首から足首まで張られた皮膚の膜が表面積を大きくし、空中を移動するための翼として働く。着地すると膜は脇腹にたくしこまれるので、木に登るときに邪魔にはならない。1回の滑空距離は 50m にもなる。北米の森に生息するアメリカモモンガはリスのなかまだが、普通のリスとは違い、夜間にえさを探す。

巨大な手足を広げて抵抗をつくりだし、落下スピードを遅くする

空中に飛び出す魚

海から飛び出し、翼のようなかたちの胸ビレで海面の上を滑空するトビウオ。うしろのほうにもう 1 対、小さなヒレ（腹ビレ）があり、滑空中にはこのヒレも広げて空中で体を安定させる。最高時速およそ 30km で、水面の数 m 上を飛んでいく。尾ビレをボートの船外モーターのように使うこともできる。敵に追われて滑空しているときは、着水しそうになると尾ビレを水につけて素早く振る。これで加速をつけて、もうひとっ飛びできる。

尾の下面は平たくて滑空に役立つ。
バランスをとる役割もある

体を起こし、後肢を
けって宙に飛び出す

宙を舞うドラゴン

恐竜《きょうりゅう》の時代には、大型の爬虫類《はちゅうるい》が存在していたが、飛翔や滑空を行う動物としては地球の全歴史を通じて最大の爬虫類も、この時代の生物だった。いま、空を飛ぶ爬虫類はトビヘビとこのトビトカゲだけだ。トビトカゲのスリムな体には膜があり、とても長い肋骨がこれを支えている。滑空時は肋骨《ろっこつ》を開いて膜を広げ、着地後は肋骨と膜は脇腹にたたみこむ。トビトカゲは東南アジアの森に生息している。フライングドラゴン（空とぶ龍）という恐ろしげな名でも呼ばれるが、体長はわずか 25cm だ。

足がパラシュート

東南アジアの熱帯多雨林に生息するワラストビガエルは、手足をパラシュートのように使って、木から木へとジャンプする。両手両足の向きをそれぞれ調整して、方向を変えることもできる。ワラストビガエルは一生のほとんどを高い木の上ですごすが、繁殖期《はんしょくき》には地上へ降りてくる。このカエルとは別に、中南米にも滑空するカエルがいて、同じような方法で滑空する。

たるんだ皮膚は
滑空時に広がり、
表面積を大きくする

帆翔《はんしょう》

日当たりがよく地面が温められると、地面の熱が空気に伝わり、暖かい空気が上昇気流となって、円柱状にたちのぼる。この上昇気流はサーマル(熱気泡《ねつきほう》)と呼ばれる。ワシやハゲワシは翼を広げ、サーマルに乗って旋回しながら上昇（帆翔《はんしょう》）する。サーマルの頂上に達すると、滑空降下（滑翔《かっしょう》）して隣のサーマルの底に移動する。また、山の横肌にぶつかった風も上昇気流をつくるので、それに乗れば山の斜面にそって帆翔できる。帆翔はきわめてエネルギー効率のよい移動方法で、労力をつかわずして舞い上がり、空のはるか高みからえさを探すことができるのだ。

羽ばたいて飛ぶ

滑空《かっくう》できる動物はたくさんいる。でも翼《つばさ》や翅《はね》を羽ばたかせて飛べるのは鳥とコウモリ、そして昆虫だけだ。飛行距離や速度では鳥にかなうものはいないが、数のうえでは昆虫がいちばんだ。10億匹にもなる昆虫の大群が、空を飛んで大移動することもある。通り過ぎるのに何日もかかるほどだ。鳥とコウモリの翼は羽毛や皮膚《ひふ》からなるが、昆虫の翅は外骨格《がいこっかく》と同じくキチン質でできている。飛行時間は動物によってさまざまだ。テントウムシは数分間飛んだら着地するが、海鳥のなかには、数年間ずっと空中でくらし、繁殖《はんしょく》のためにはじめて地上に降りるものもいる。

ホバリング（停空飛翔《ていくうひしょう》）

ハチドリは、そよ風ひとつなくても長時間浮いていることができる。翼はプロペラのように働き、前後どちらに振るときにも空気を下方向に押して、揚力を発生させる。毎分5,000回以上も羽ばたくので、ハチのようなブーンというううなりやハミングのような音が出る（英語ではハミングバードと呼ぶ）。ハチドリはホバリングのみならず、横にも後ろ向きにも飛ぶことができ、さらに空中で瞬時に静止するという芸当もやってのける。

翼を後ろへ振って空気を下方向へ押す

羽毛の生えた翼で飛ぶ

肢と首をまっすぐ伸ばし、このうえなく優雅な姿で飛ぶオオフラミンゴ。ほかの鳥と同じように、オオフラミンゴにも飛ぶための特徴がたくさんある。骨格は超軽量で、骨は中空だったり紙のように薄かったりする。だが翼を動かす筋肉はたっぷりあり、体重の3分の1以上をも占める。肺はきわめて効率的に働き、筋肉に最大量の酸素《さんそ》を送り込む。さらに、羽毛が体温を保つと同時に体を流線型にし、また揚力《ようりょく》を発生させて空中に浮かせてくれる。

離昇すると前翅《ぜんし》（鞘翅《しょうし》）の位置は固定される

翼のなかみ

鳥の翼には関節が3カ所あって、人間でいえば肩、ひじ、手首にあたる。翼の羽ばたきはおもに胸筋の力による。そのほかの筋肉は、飛行中に翼のかたちを調整したり翼を折りたたんだりするのに用いられる。

下から見た鳥の翼

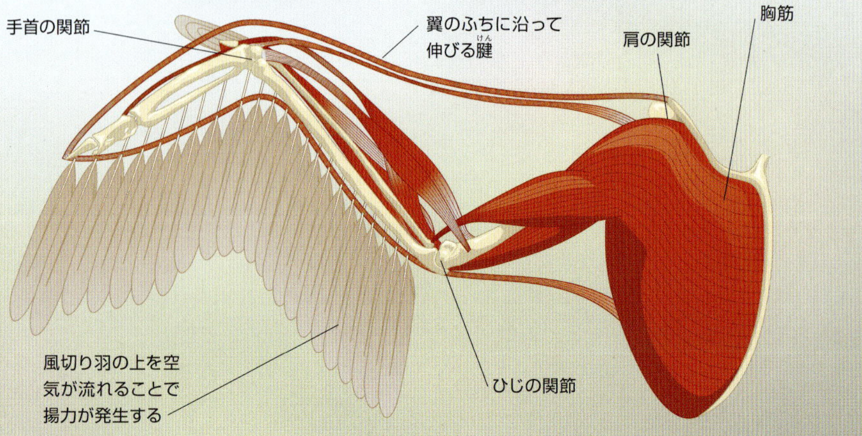
手首の関節
翼のふちに沿って伸びる腱《けん》
肩の関節
胸筋
風切り羽の上を空気が流れることで揚力が発生する
ひじの関節

長く薄いフィルム状の
後翅《こうし》には翅脈《しみゃく》が張りめぐらされている
前方のふちは厚く、後翅を強化している

翅が生えている体の中央部（胸部）には飛翔筋がある。

高いところに登って飛ぶ

瞬時に飛びたてる昆虫もいるが、テントウムシが空に出るには時間がかかる。ほかの多くの昆虫と同じく、翅は2対あるが、飛行中に羽ばたくのは後翅だけだ。飛びたつ直前に、厚くてカーブした前翅（鞘翅）を開き、デリケートな後翅を広げる。羽ばたきを始めてから脚を離し、空中へ身を躍らせる。

飛翔パターン

ばたばた羽ばたいたり、まっ逆さまに急降下したり。鳥の飛びかたにもいろいろあるが、どんなパターンで飛ぶかは、翼のかたちで決まる。メンフクロウは、短めの大きな翼で地上の獲物を狙ってゆっくりと羽ばたく。アマツバメの細長い翼は後方に向かって弧を描き、先がとがっている。高速での方向転換に最適なかたちだ。アマツバメが空中で昆虫を上手につかまえるのは、このつばさのおかげだ。キツツキの翼は横幅があまりなく、先細りになっている。キツツキは、この翼で急激に羽ばたいては休み、上昇と下降をくり返す。

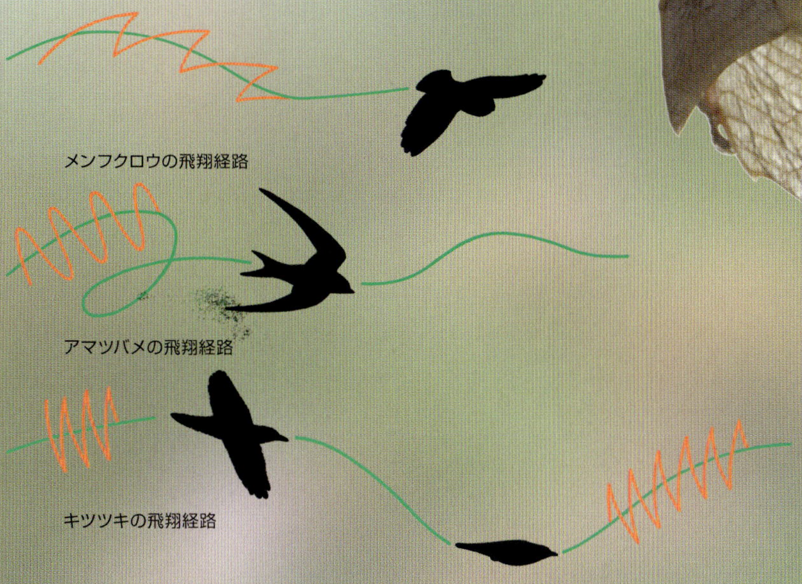
メンフクロウの飛翔経路
アマツバメの飛翔経路
キツツキの飛翔経路

細長い指を伸ばすと、皮膚の膜がぴんとはる
飛行中に翼を曲げ、飛んでいる昆虫をすくいあげて口へと運ぶ

皮膚でできた翼

コウモリは1,000種類以上もいる。どのコウモリも、2層構造（表皮と真皮）の皮膚が翼をつくっている。腕と指の骨が細長く伸び、そのあいだに皮膚の膜が広がっているのだ。親指はカギのようになっているものが多い。後肢のあいだにも皮膚の膜がある。このウサギコウモリの翼はさしわたし30cmだが、オオコウモリのなかには翼を広げると1.5mにもなるものがいる。

泳いだり潜ったり

海や川、湖や池など、水中にはどこでも動物たちがいて、泳ぎまわっている。泳ぐには、ヒレなどを使って水を押しやる。高速で泳ぐには体が流線型をしていなければならない。水は空気よりも密度が高いからだ。だが、密度が高いことにより逆に浮くのが楽にもなる。泳ぐ動物の多くは一生水中でくらすが、空気呼吸をする動物でも水中に潜《もぐ》ることがある。クジラやイルカ、アザラシは息をとめて潜水するが、最大で2時間も、ずっと潜っていられる。

小さな泳ぎ手たち

池は小さな動物でいっぱいだ。みんな、えさを求めて泳ぎまわっている。写真はミジンコで、オールに羽の生えたように見える触角を降り動かして泳ぐ。ミジンコは、日没後に水面へ上昇して藻類やバクテリアを食べ、日が昇るとまた底のほうへ降りていく。ミジンコの大きさは針の先ほどで、最高時速は20m だ。

ジェット噴射で推進

足を後方に流し、ジェット噴射で泳ぐヒョウモンダコ。体内に吸い込んだ海水を、漏斗《ろうと》という管から勢いよく噴き出し、ジェット噴射《ふんしゃ》の力で反対側へ進むので、頭のほうを先にして泳ぐことになる。オウムガイやイカなど、ほかの軟体動物にもこのような泳ぎかたをするものがいる。淡水にすむトンボの幼生も同じようにして泳ぐ。

深く深く潜る

ゾウアザラシは陸上でもけっこう速く移動できるが、水中でこそ、すごい能力を発揮する。イカやタコ、そのほか深海魚を食べるのだが、1000m 以上潜って食物を探すこともある。最大潜水時間は2時間。こんなに長く潜っていられるのは、海面で休んでいるときに筋肉や血液中に酸素をたくわえているからだ。潜水直前には息を吐き出し、肺の中にはごくわずかの空気しか残らない。

特殊な泳ぎかた

エイ

エイの胸ビレは翼のようにも見える。水底でえさを探すエイはヒレを波打たせて泳ぐが、外洋で泳ぐエイは、このマンタ（オニイトマキエイ）のように、胸ビレを上下に打ち振って泳ぐ。マンタの「翼」はエイのなかでは最大で、さしわたし7m 以上にもなる。

タツノオトシゴ

たいていの魚と違い、タツノオトシゴは直立姿勢で泳ぐ。背中にある小さなヒレをはためかせて前方へ進み、頭の横についた小さい2枚のヒレでかじを取る。泳いでいないときは、尾をサンゴや海藻に巻きつけている。

ウナギ

ウナギのなかまにはウツボ、ハモ、アナゴなどが含まれるが、このハナヒゲウツボのように、成体には背中ひとすじしかヒレがないことが多い。このなかまはヘビが泳ぐのと同じように体を左右にくねらせて泳ぐ。一生水中でくらすものが多いが、陸上にはいあがってくるものもいる。

浮力を得る

魚にとっては、ちょうどよい深さにとどまるのが、生きていくうえできわめて重要だ。エイやサメはヒレを使い、特にサメは油で満たされた肝臓《かんぞう》も利用して身を浮かせる。だがほとんどの魚は、浮きぶくろで浮力をコントロールしている。浮きぶくろ中のガスの量を変えて、上昇したり下降したりするのだ。浮きぶくろにはガス腺があって、血液から酸素《さんそ》を取り出してふくろの中に放出し、浮きぶくろを風船のようにふくらませる。

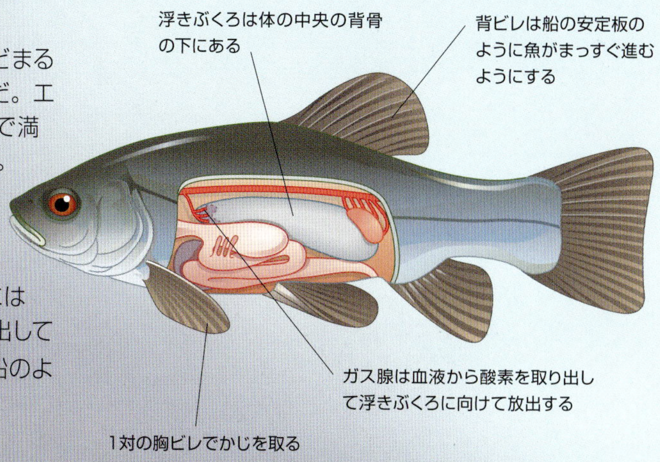
浮きぶくろは体の中央の背骨の下にある
背ビレは船の安定板のように魚がまっすぐ進むようにする
ガス腺は血液から酸素を取り出して浮きぶくろに向けて放出する
1対の胸ビレでかじを取る

速く泳げる魚

先細りの体に、開いたはさみのような尾ビレ。ウメイロモドキはスピードを出すためにつくられたような魚だ。胴体はほとんど動かさずに、尾ビレを素早く振って推進力を得ている。最高のスピードを誇るもっと大型の魚も、同じ泳ぎかたをする。短距離での最高記録保持者はバショウカジキで、時速100km 以上も出せる。

胸ビレは揚力をつくり出して体を浮かせる
頭を右に振り、
S字の波がスタート
波のピークが体のちょうど
中央まで来たところ
波が通過していくと
尾は左へ振れる

しなやかな泳ぎ

サメの多くは胴体を左右にしならせて移動する。このトラザメのなかまもそうだ。曲げた体の後半で水を押しやり、加えて尾ビレがスナップをきかせる。サメの胸ビレはほぼ水平についているが、頭のほうがやや上向きになるように傾いているので、泳ぐと揚力が発生する。外洋に生息するサメは、一生泳ぎ続けるのが普通だ。泳ぐと海水がエラを通過して、血液へ酸素を取り込める。

飛行機雲のような航跡

コウテイペンギンは、氷の浮かぶ南極の海に潜ってえさを探す。羽毛の奥には空気の層があり、熱を逃がさないようになっているが、水中ではこの空気が気泡になり、泳ぐペンギンの後方には気泡がたなびく。コウテイペンギンの時速は最高で 25km。硬い翼《つばさ》を羽ばたかせ、水かきのある足も使って推進力を得る。空を飛ぶ鳥とは異なり、ペンギンの骨は重くがっしりしたものだが、深く潜《もぐ》るにはそのほうがいい。コウテイペンギンのえさは魚やオキアミだ。深さ 500m 以上も潜ることができ、20 分以上も息を止めていられる。

木や土にトンネルを掘る

開けた場所は危険がいっぱいで、食物を見つけるのもたいへんだ。
この問題の解決方法は、地下や、あるいは食物自体の中にトンネルを掘ることだ。
実際にそうしている動物は多い。口や足、ときには自分の殻《から》まで使って、
食べながらあるいは削りながら掘り進み、うまく身を隠している。
ハダカデバネズミなど、一生を地下でくらすものもいる。
穴を基地として、暗くなったらえさを探しに出たり
繁殖《はんしょく》のために出かけたりするものもいる。

生きたドリル

フナクイムシは二枚貝のなかまで、ナメクジのような体に小さなとがった殻が備わっている。殻をドリルのように使って、水に沈んだ木にトンネルを掘る。昔、木でできた帆船にとって、最大の脅威《きょうい》はこのフナクイムシだった。

ミミズはどうやって穴を掘るか

ミミズはぬるぬるとつかみどころがなく、たいして力も出せないように思える。ところがどっこい、案外と力強い生きものである。ミミズは、体節の筋肉を一連のパターンで波打つように収縮《しゅうしゅく》させては弛緩《しかん》させ、穴を掘り進んでいく。収縮と弛緩の波は頭から尾に向かって進む。ふだんは地面のすぐ下に穴を掘るが、乾燥した季節には2m以上も深く掘り進み、そこできゅっと丸まって、また雨の降る季節がやってくるのを待つ。

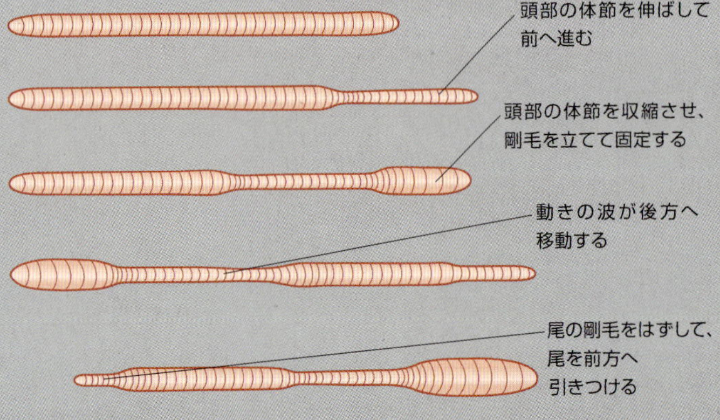

頭部の体節を伸ばして前へ進む
頭部の体節を収縮させ、剛毛を立てて固定する
動きの波が後方へ移動する
尾の剛毛をはずして、尾を前方へ引きつける

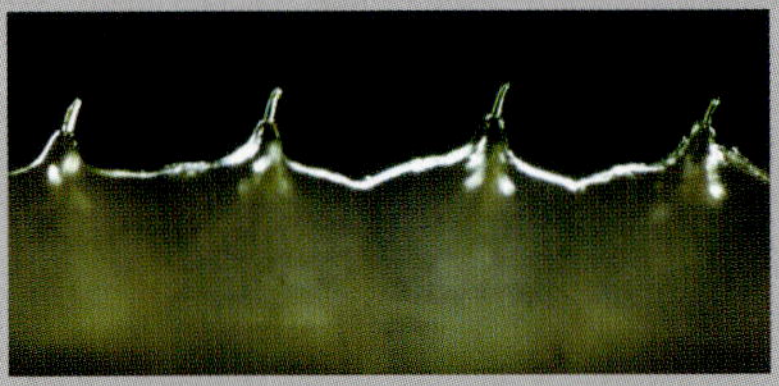

体に生えたたくさんのスパイク
ミミズの体節には1つに4対ずつの短い剛毛が生えている。体節が収縮すると剛毛が押し出されて立ち、スパイクのように土に突き刺さる。これで体を支えて、土の中を進んで行くことができる。

砂漠の死神

捕食者は頭上から襲いかかるものと思いきや、下から攻撃するものもいる。このサバクキンモグラは、砂の下を「泳ぐ」ように移動しながらバッタのあとをつけ、ついにしとめたところだ。このモグラは微細な震動《しんどう》をキャッチして、数mm離れたところからでも昆虫やトカゲの存在を感知し、すきのような前足のカギ爪《つめ》で砂を掘る。砂が乾いていれば、モグラの通ったあとは残らない。通り過ぎたすぐ後ろで砂が穴を埋めてしまうからだ。

頭部の外骨格は
特にぶ厚い
がんじょうな前脚

よろいをまとった穴掘り屋

木の根をえさとするケラは、地面を掘るのに最適な装備をもっている。頭部はよろいのように厚く、短い前脚はがんじょうで、先端がカギ状になっている。穴掘りにも泳ぐのにも適した形態だ。一生のほとんどを地中に隠れてすごすが、成体には翅《はね》があって空も飛べる。夏の夜には穴を離れて飛びたち、繁殖の相手を探しに出かける。

トンネル部隊

ごく小さい目にほとんど毛のない皮膚。ハダカデバネズミはアフリカでもいちばん奇妙な穴掘り哺乳類《ほにゅうるい》だ。えさは砂漠に生える植物の根で、巨大な切歯《せっし》を駆《く》使して穴を掘る。栄養をたっぷりたくわえた巨大な塊根《かいこん》の内部に穴を掘ることもあるが、外側はそのまま残しておき、塊根が成長を続けられるようにする。穴掘り仕事は「じゅずつなぎ」になって行われる。1匹が穴を掘り、後にひかえた数匹は、順ぐりに土くずを送って片づける。

消失トリック

二枚貝は動きが遅いものだが、マテガイは動物の世界で最速を誇る穴掘り屋だ。海岸の引き潮ライン付近にすみ、細長い貝殻を砂の上に垂直に立てているが、危険が迫ると、力強い足で穴を掘り、安全なところまで潜って逃げる。10秒もたたないうちに1mも掘り進む。人間がすきを使って掘るよりもよっぽど速い。

いのちをたもつメカニズム

呼吸と循環

肺があるものもないものも、動物はみな酸素《さんそ》を取り込んでいる。酸素は体を構成する細胞ひとつひとつに送られる。細胞内で化学反応により食物を分解し、生きていくのに必要なエネルギーを取り出すのに使われるのだ。そのとき老廃物《ろうはいぶつ》として二酸化炭素ができる。酸素を取り込んで二酸化炭素を捨てるという作業（これを「ガス交換」と呼ぶ）は、動物によっては、皮膚《ひふ》を通してガスが直接出入りするという単純な方法で行われる。だが多くの動物では話はそう簡単ではない。肺やエラで呼吸し、血液を循環《じゅんかん》させて細胞に酸素と栄養分を配給し、老廃物を回収しなくてはならない。血液を送り出すのが心臓だ。アマガエルモドキの心臓は1gにも満たないが、シロナガスクジラの心臓は500kg以上の重さがある。

水中の酸素を吸収する

水中にすむ動物はたいていそうだが、アホロートルもエラで水中の酸素を吸収する。エラは、ひらひらした薄い膜状、あるいは羽根のような突起状《とっきじょう》の構造で、多くの血液が送り込まれてくる。エラのまわりを水が流れると、血液は酸素を吸収し二酸化炭素を排出する。アホロートルのエラは体の外に突き出ていて、頭の後方、左右に広がっている。ほとんどの魚では、エラは口の奥にある空間におさまっている。エラは呼吸に用いられるだけではない。フィルターとしても用いられ、食物を集めるのに役立つ場合もある。

薄い皮膚を通して、
酸素を吸収し
二酸化炭素を排出する

泡の中の生活

クモは空気中の酸素を肺で取り入れている。クモの肺は体の下部にあり、細かいひだが重なり合って書物のページのように見えるので、書《しょ》肺《はい》と呼ばれている。ところが、池の中で大半のときを過ごす妙なクモがいる。ミズグモだ。糸を網状にし、水中に「潜水鐘」（むかし用いられていた潜水具で、釣《つ》り鐘《がね》型の大型容器に空気を満たして水中に沈める）をつくって空気を満たし、その中で生活するのだ。狩りをするときは、体の後部（腹部）表面に空気ボンベがわりの薄い空気の層をまとって、水中に出て行く。

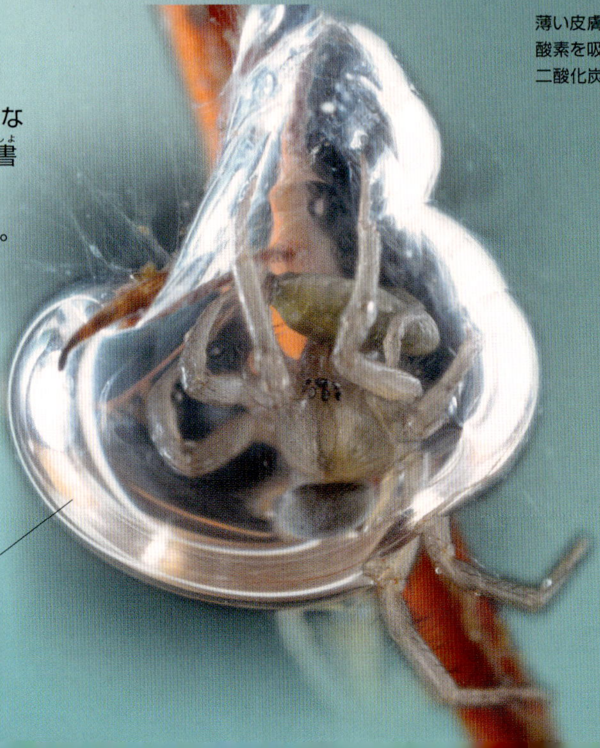

水面にたびたび上がって
空気を集め、潜水鐘にたくわえておく

皮膚呼吸

おぼろげな幽霊《ゆうれい》のようにも見えるハダカカメガイ（クリオネ）。透明の翼のような部分（翼足《よくそく》）を羽ばたくように振って海中を泳ぐ。ごく小さな軟体動物で、巻貝のなかまだが殻はもたない。ハダカカメガイは、必要な酸素を手に入れるのに肺もエラも使わない。体が平たく薄いので、海水中の酸素が体表から吸収され、二酸化炭素が排出されていくのだ。水中で生活する小さな動物の多くは、このようにしてガス交換を行っている。陸上で生活するミミズも同じように皮膚でガス交換をする。

肺呼吸

冬の寒い日、ライバルに向かってほえ声をあげる雄のアカシカ。吐く息が霧のように白くただよっている。アカシカも、ほかの哺乳類と同じく一対の肺で呼吸をしている。肺は心臓の左右両側にある中空の器官で、息を吸うときは呼吸筋を使って胸を広げ、新鮮な空気を取り込む。呼吸筋が弛緩《しかん》すると空気は外へ出て行く。アカシカがほえるときは、息を思いきり深く吸い込んでから勢いよく吐《は》き出す。そうするとのどが震えて、大きなほえ声が出る。

一方通行

哺乳類《ほにゅうるい》が呼吸をすると、空気が肺に入っては出ていく。だが、鳥類の場合、空気は肺に出たり入ったりするのではなく、一方通行に移動するしくみになっている。哺乳類よりもずっと効率的に酸素を摂取できるわけだ。鳥類の肺には気のうというふくろがついていて、空気はそこを経由して移動していくのである。この超効率的なシステムのおかげで、鳥は空気のいちじるしく薄い上空でも呼吸ができる。

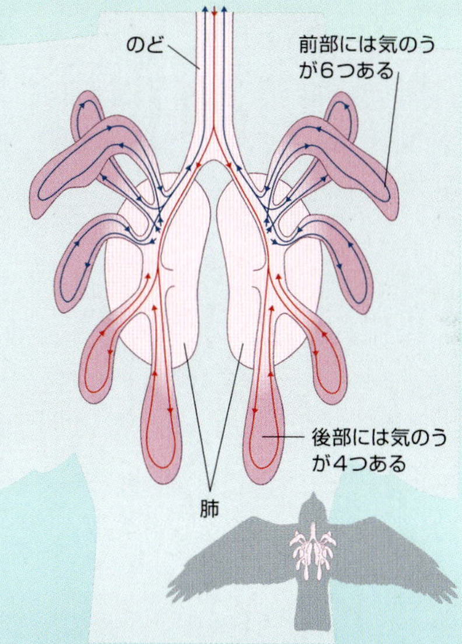
のど
前部には気のうが6つある
後部には気のうが4つある
肺

空気の流れ
鳥が息を吸うと、酸素に富んだ空気（右図の赤い線）は後部の気のうに入る。空気は気のうから肺に移動して、ガス交換が行われる。ガス交換後、二酸化炭素を多く含んだ空気（青い線）は前部の気のうに移動し、そこから外に排出される。

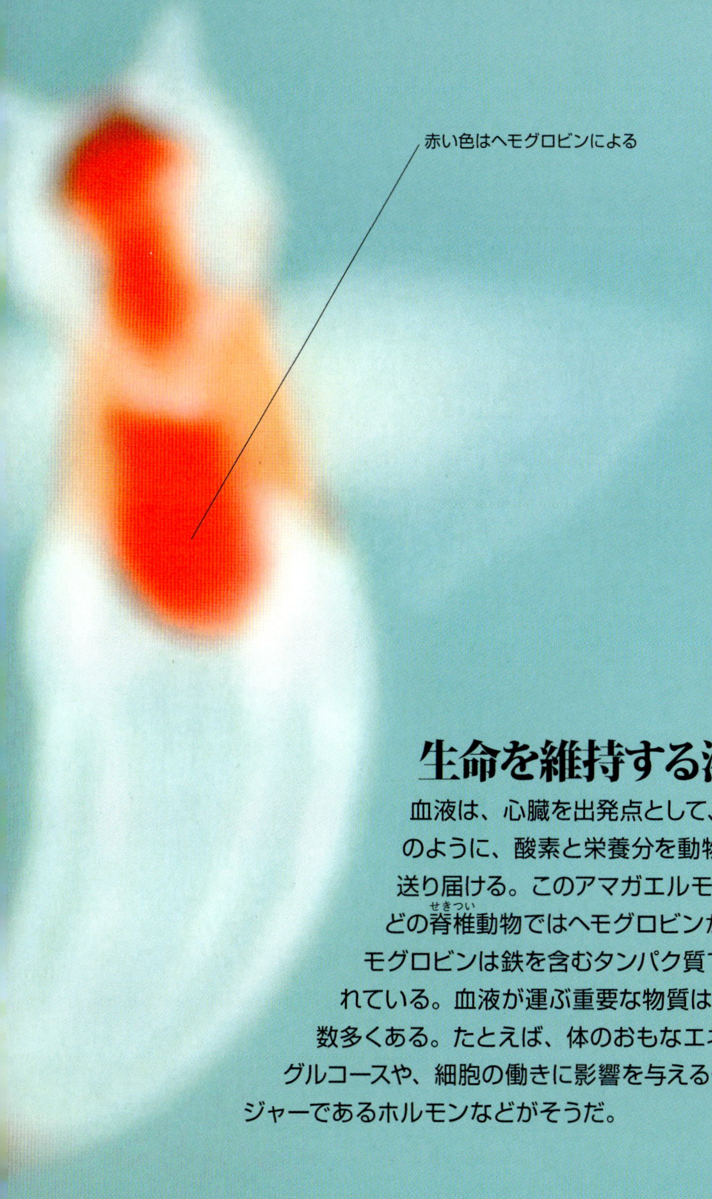
赤い色はヘモグロビンによる

網の目のように張りめぐらされた血管が、体のすみずみまで酸素を運ぶ

生命を維持する液体

血液は、心臓を出発点として、液体のベルトコンベアのように、酸素と栄養分を動物の体のすみずみまで送り届ける。このアマガエルモドキを含め、ほとんどの脊椎《せきつい》動物ではヘモグロビンが酸素を運ぶ。ヘモグロビンは鉄を含むタンパク質で、赤血球に含まれている。血液が運ぶ重要な物質は、酸素以外にも数多くある。たとえば、体のおもなエネルギー源であるグルコースや、細胞の働きに影響を与える化学的なメッセンジャーであるホルモンなどがそうだ。

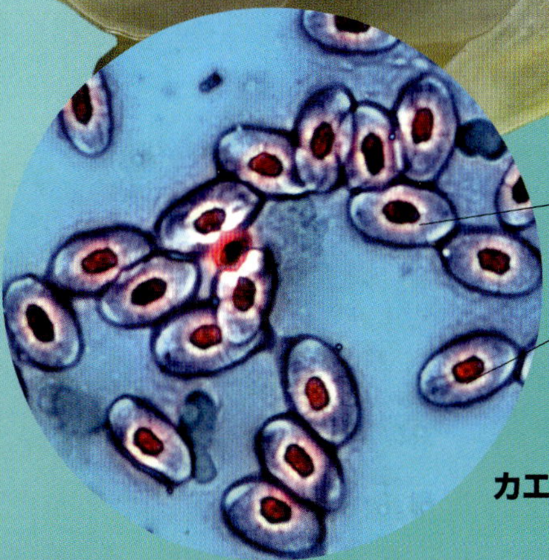
だ円形の赤血球
細胞の司令塔である核。DNA（細胞の遺伝情報）を含む

カエルの血液の顕微鏡像

背中の花の大事な役割

ボルネオ近海の岩場をはうウミウシ（裸鰓類《らさいるい》）のなかま。見事な配色を見せびらかしている。２本の黄色い角は嗅覚突起《きゅうかくとっき》で、食物のありかをにおいでキャッチする。だがもっとも目をひくのは開いた花のようなエラだ。エラには薄いひだがあって、そこでは血液が水中から酸素《さんそ》を取り込んでいる。ウミウシの視力はものすごく悪く、素晴らしい色を自分では見ることはできない。この色はほかの動物に対するアピールなのだ。自分はおいしくないから食べるな、という警告《けいこく》である。

神経系と脳

神経は、動物が生きていくうえでなくてはならないものだ。体を動かせるのは、神経が弱い電気的パルスを用いて筋肉を収縮《しゅうしゅく》させるからだ。また感覚器官がキャッチした情報を伝え、まわりの世界で起こっていることに反応できるのも、神経が信号を送るからだ。クラゲなど、単純なつくりの動物は、神経細胞が体じゅうに網目のように張りめぐらされている。だが多くの動物では、神経細胞は束《たば》になり、情報を伝えるハイウェイのように長く伸びて脳につながっている。脳に送られた情報は、処理されたのちに保持される。こうしてたくわえられた情報により、動物は驚くほど複雑な行動をすることもできる。

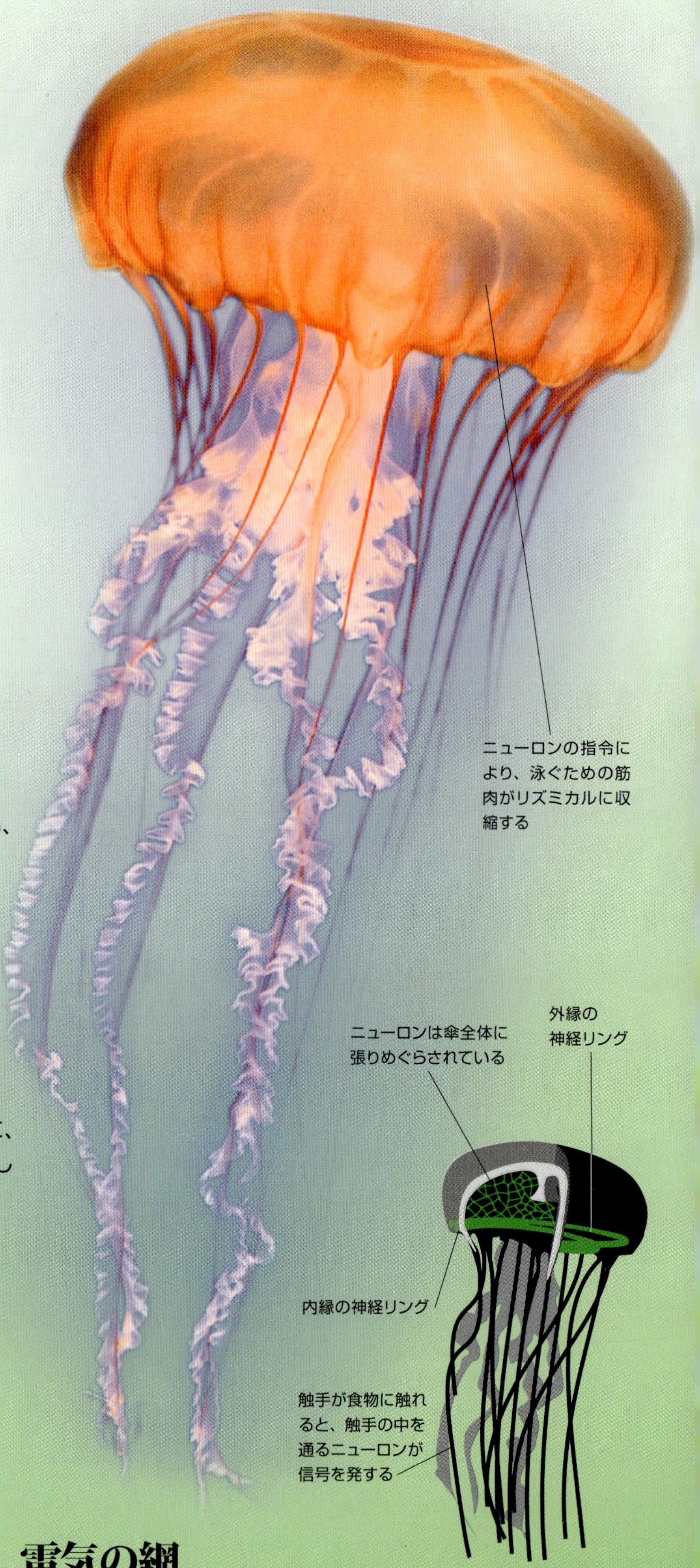

ニューロンの指令により、泳ぐための筋肉がリズミカルに収縮する
ニューロンは傘全体に張りめぐらされている
外縁の神経リング
内縁の神経リング
触手が食物に触れると、触手の中を通るニューロンが信号を発する

変化し続ける脳

キツネの脳には1,000億個以上の神経細胞(ニューロン)がある。ほかの細胞と違い、キツネが生まれたときにはニューロンがすでに配置ずみである。生まれたその日から、子ギツネが乳を飲むなどの本能行動を行うことができるのは、その動作が脳内にプログラムされているからだ。子ギツネは、成長するにつれ、狩りのしかたなどたくさんの新しい行動パターンを身につけていく。新たな技能を学んだり目新しい情報を得たりするたびに、脳内ではニューロンとニューロンの間に新しい結合(シナプス)ができていくのだ。

神経細胞(ニューロン)

神経系は神経細胞(ニューロン)で構成されている。1本のニューロンは髪の毛よりも細いが、大型の動物では、何mもの長さになることもある。それぞれのニューロンには1本の長い糸のような突起(軸索《じくさく》)と、多数の細い突起(樹状《じゅじょう》突起《とっき》)がある。いずれの突起も、ほかのニューロンや感覚細胞とシナプスで接合する。シナプスでは化学物質による信号がやりとりされる。シナプスで情報を受け取ったニューロンは興奮し、電気的信号が素早く細胞を伝わっていく。

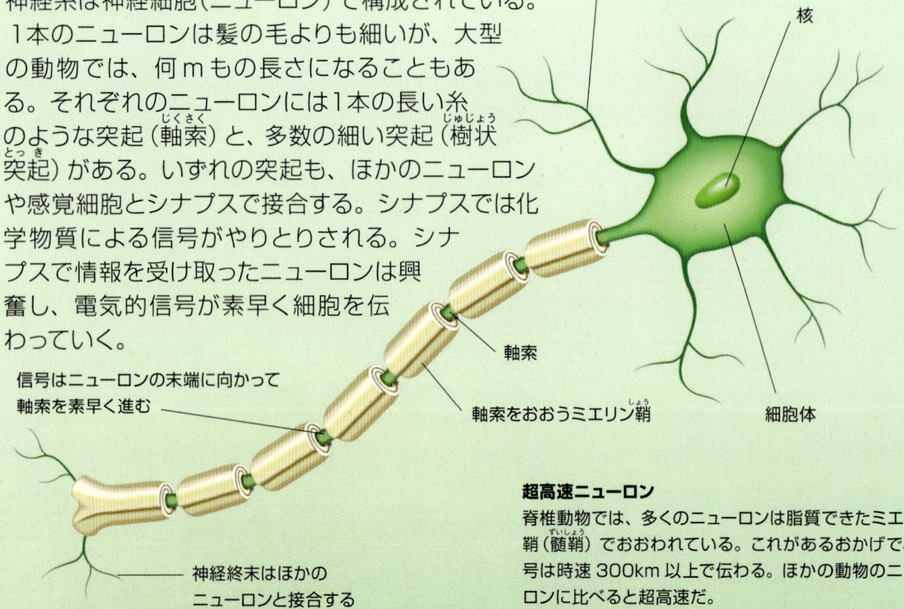

樹状突起はほかの細胞と接合する
核
軸索
信号はニューロンの末端に向かって軸索を素早く進む
軸索をおおうミエリン鞘《しょう》
細胞体
神経終末はほかのニューロンと接合する

超高速ニューロン

脊椎動物では、多くのニューロンは脂質できたミエリン鞘(髄鞘《ずいしょう》)でおおわれている。これがあるおかげで、信号は時速300km以上で伝わる。ほかの動物のニューロンに比べると超高速だ。

電気の網

クラゲやそのなかまは、体じゅうにニューロンが網の目のようにはりめぐらされている。ほかの動物の場合と同様、ニューロンとニューロンはシナプスで接合し、情報を受け渡していく。クラゲのなかには、傘《かさ》の内縁《ないえん》と外縁《がいえん》にニューロンがリング状に配置されているものもいる。外縁のリングは触覚《しょっかく》情報を統合し、内縁のリングは傘の筋肉をいっせいに収縮させて泳ぎを調節している。

集中管理

アカメアマガエルは体長6cmと小さいが、ゾウやクジラと同じような神経系をもっている。カエルもゾウもクジラも、脊椎《せきつい》動物はすべて、脳とそれにつながる脊髄《せきずい》（ニューロン専用道路のようなもの）をもつ。脊髄からは、多くの神経が枝分かれしながら体じゅうに広がっていく。脊髄はいろいろな反射行動もコントロールしている。脳の指令をあおがずに行われるもっとも速い反射に、肢の引っ込め反射がある。カエルの肢になにか異常があると、脳が反応する前に脊髄が働いて、肢を即座に引っ込める。

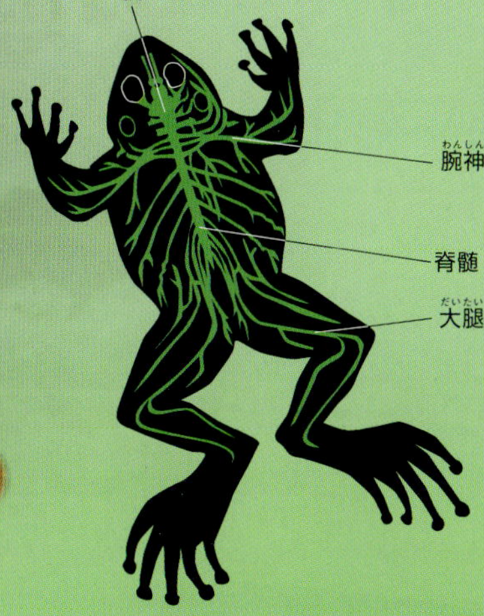
脳
腕神経《わんしんけい》（前肢《ぜんし》に分布する主な神経）
脊髄
大腿《だいたい》神経（後肢《こうし》に分布する主な神経）

巨大神経

危険に襲われたとき、多くの動物はダッシュしてその場から逃げ出す。イカ類の場合、巨大神経細胞の指令により、緊急避難《きんきゅうひなん》行動が引き起こされる。この神経は通常のものよりも太く、情報を速く伝えることができる。巨大神経の軸索《じくさく》は直径が最大で1mmにもなり、哺乳類《ほにゅうるい》の神経よりも数百倍太い。ミミズにも巨大神経があって、鳥につつかれたミミズが逃げ出すのも、巨大神経の指令によるものだ。

じゅずつなぎの脳

ゴキブリの脳には約100万個の神経細胞が含まれるが、この脳は「・」にちょうど重なるぐらいの大きさしかない。だがゴキブリにはこれ以外にも、ミニ版の脳ともいえる神経節《しんけいせつ》（脳よりは規模が小さいが神経が集まったところ）が連なって存在している。神経節はそれぞれ異なる体節《たいせつ》の動きを担当している。各体節は独立に動くことが可能で、場合によっては頭がなくなっても体は動き続けたりする。体節をもつほかの動物にも、これと同じしくみの神経系がある。

中心となる神経の束はからだの下側、消化管の下を通っている
胸部神経節は3つあり、それぞれ脚を1対ずつコントロールする
脳では目や触角など感覚器官から送られてきた情報が処理される

腹部は主に6つの体節からなり、それぞれ別々の神経節がコントロールしている

体温調節

南極大陸の海岸部では、冬の気温はマイナス40℃まで下がり、加えて嵐のような強風が吹きつけるので、体感温度はさらに低くなる。このように厳しい状況にありながら、ペンギンは体温を38℃に保っていられる。ジャングルでくらす鳥と変わらないのだ。鳥類や哺乳類《ほにゅうるい》は恒温《こうおん》動物（内温動物）だ。筋肉や肝臓《かんぞう》の細胞が、食物から得たエネルギーを用いて化学反応を行い、ストーブのように体を温めてくれるのだ。ほかの動物はほとんどが変温動物（外温動物）であり、体の内部で熱をつくるかわりに、外界の熱を利用する。深海などでは、変温動物は常に冷たい。だが暖かいところでは、変温動物は体が過熱してしまい、日陰に引っ込まなければならないこともある。

まず日光浴で体を温めて

トカゲは体が冷えていると動きが鈍い。そこで、狩りに出かける前に、まず体を温めなければならない。朝の日光に身をさらせば、気温が低いときでも、体温を30℃まで上昇させられる。日中、気温が高くなると、トカゲは日陰に入ったり日なたに出たりして体温を一定に保つ。日が沈むと安全な岩の割れ目に潜り込んで、夜はそこですごす。夜間は体温が下がる。

ホウセキカナヘビ

肉づきたっぷり

浜にあがってきた雄のゾウアザラシ。砂の上に身を投げ出してくつろいでいるようだ。こんなに身がたっぷりしているのは、分厚い脂肪層《しぼうそう》があるためだ。脂肪層は熱を伝えにくいので、冷たい海に潜っても熱を逃がさずに体を温かく保ってくれる。だが陸上では逆に過熱する恐れがある。そこで、ゾウアザラシの体は、過熱しそうになると自動的に皮膚《ひふ》への血流を増やし、余分な熱を空気中に逃がして過熱を避けるようになっている。

冷却中

天気がよくて暖かいと、カンガルーは太陽を避けて木や岩の陰ですごす。だが気温が高すぎるときは、緊急冷却《きんきゅうれいきゃく》システムを使う。腕をなめて毛をぬらし、だ液が蒸発するときに腕を通る血液から熱をうばうようにするのだ。ほかにも蒸発《じょうはつ》熱を利用して過熱を防ぐ哺乳類《ほにゅうるい》は多い。イヌやキツネは舌を出してあえぎ呼吸をし、ウマや大型のアンテロープは人間と同じように汗をかく。鳥にはのどを震わせてあえぎ呼吸をするものが多いが、もっと妙なやりかたで熱を逃がす鳥もいる。水っぽい排出物を自分の肢に引っかけるのだ。

身を震わせて卵を温めるヘビ

ヘビは変温動物で体が冷たいと思われがちだが、必ずしもそうではなく、このダイヤモンドニシキヘビは意外な手段で卵を温める。筋肉を細かく震《ふる》わせて熱を発生しているのだ。これで卵を外気温より5℃高めに保つことができる。変温動物のなかで震えにより発熱するのはヘビだけではない。ある種のガやマルハナバチは、まず体を震わせて体を温めたうえで空を飛ぶ。

超高速で泳ぐ魚

魚は変温動物であり、体温は周囲の水温と等しいのが普通だが、マグロやメカジキは例外だ。体の中心部の遊泳筋が熱を保っているのだ。そのおかげでスピードを維持して海を泳ぎ続けることができる。色の暗いこの筋肉では、血管が特別な配置になっている。筋肉から流れ出る温かい血液が、筋肉に入ってくる冷たい血液のすぐとなりを通り、熱の大半を受け渡すのだ。この対向流システムと呼ばれるしくみが、筋肉から熱が逃げるのを防いでいる。

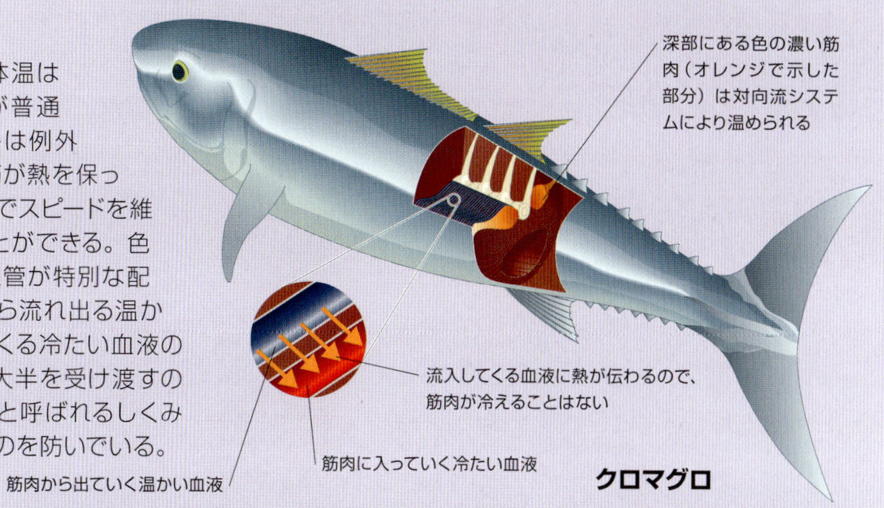
深部にある色の濃い筋肉（オレンジで示した部分）は対向流システムにより温められる
流入してくる血液に熱が伝わるので、筋肉が冷えることはない
筋肉から出ていく温かい血液
筋肉に入っていく冷たい血液
クロマグロ

クレイシを見守るコウテイペンギンの成鳥

おしくらまんじゅう

2羽のおとなに見守られ、コウテイペンギンのヒナたちが氷の上で身を寄せあっている。脂肪層と柔らかな灰色の綿羽で熱が逃げにくくはなっているが、くっつきあえばさらに保温効果が上がるのだ。このように密集したヒナの集団はクレイシ（共同保育集団）と呼ばれ、数千羽になることもある。ヒナは頭を下げて風を避け、また常に場所を替わりあって、みんなが温かくなれるようにする。生後5カ月になるとおとなの羽毛が生えはじめ、クレイシは解散し、若鳥たちは海へと向かう。

体の手入れ

ほとんどの動物は、習慣的に体を手入れして清潔にしている。手入れをすれば体をよい状態に保てるし、やっかいな寄生虫を取り除くこともできる。哺乳類《ほにゅうるい》は毛づくろいを、鳥類は羽づくろいをする。もっと小さな動物、たとえばイエバエなども念入りに翅《はね》の手入れをする。汚れをこそげ取るだけではなく、ワックス状の成分や油分を塗り広げて防水加工をするのも、よく行われる。体の手入れは、いわばプライベートな用事であり、ほとんどの動物は自分で体の手入れをする。動物によっては、なかまで手入れをし合うものもいる。だが、動物の世界には、この手の仕事を専門に行って生きている「掃除屋《そうじや》」もいる。ある種の鳥や魚、エビなどがそうだ。掃除屋は「お客さん」の体を点検し、食べられるものは全部食べてしまう。

毛皮の手入れは万全に

ネコのなかまはみなそうだが、トラは舌と歯を使って毛づくろいをする。トラの舌には口の奥に向かう突起が生え、ざらざらしている。これがくしのような働きをして、抜け毛を取り除くことができる。カギのある種子など大きなものは、口の前面にある切歯《せっし》を使って取り除く。

移動食堂

ハワイの近海を泳ぐアオウミガメに、複数の種類のニザダイが群がる。魚たちは、カメの体表から藻類やこびりついた小動物をこそげとっている。こうらを掃除してもらうおかげで、カメはなめらかな体型を保つことができる。ニザダイはパートタイムの掃除屋だが、もっぱらこの方法で食物を得る魚やエビもいて、サンゴ礁《しょう》のどこか目立つ場所を仕事場(えさ場)にしている。お客さんが並んで待っているのもよくあることだ。

ニザダイは、小さな口にずらっと並んだ鋭い歯で、カメの体表から食物をこそげ取る

不潔な習慣

普通は清潔にしておくことで健康が保たれる。だが、動物のなかには不潔なふるまいを習慣とするものもいる。不潔そうに見えて、実はそれが生存に役立っているのだ。泥の中をころげまわったり、尿をまきちらしてメッセージを残す哺乳類は多い。ナマケモノは毛皮に藻類が生えるにまかせて、森の中で身を隠す。

薄汚い毛皮
おおかたの哺乳類とは異なり、ナマケモノは毛づくろいをしない。顕微鏡でなければ見えないような微細な藻類が体毛上に生えるにまかせているので、毛は緑色でかびくさい。

べたついたメッセージ
森でくらすブッシュベビー（ショウガラゴ）は、自分の尿を手や足に塗りつける。なわばりのマーキングのためか、滑らないようにするためかのどちらかだと考えられている。

泥浴び
イボイノシシには汗腺《かんせん》がないので、泥の中でころげまわって体温を下げる。吸血性の昆虫から体を保護する役割もある。

ちくちくすることもあります

登山家のごとく、キバシウシツツキがキリンの首によじ登っている。キバシウシツツキはアフリカの鳥で、一生の大半を大型哺乳類《ほにゅうるい》に乗って過ごす。植木ばさみのような平たいくちばしを使って、ダニなどの寄生虫を探してはついばむ。乗られている側は寄生虫をとってもらえて助かる。だが、ウシツツキは傷口を見つけるとそれもつつきまわすので、傷が治りにくくなってしまったりすることもある。

きみがわたしの背中をかいてくれたら…

チンパンジーは、群れのメンバーで毛づくろいをし合う。チンパンジーにとって、毛づくろいは重要な社会的活動なのだ。毛づくろいは互いのつながりを維持し、また争いのあとの緊張《きんちょう》を和らげるものである。チンパンジーの社会では、賢いほど、あるいは力が強いほど、大物として群れのなかでの地位が高くなる。地位の低い個体ほど、ほかの個体をひんぱんに毛づくろいする。優位な個体ほど毛づくろいを受ける時間が長く、一方的にしてもらうだけということもある。

羽づくろい

羽毛には定期的なお手入れが必要だ。鳥は、毎日数時間をかけて羽づくろいをし、羽毛を良好な状態に保っている。このタンチョウはくちばしを精密機械《せいみつきかい》のように用い、羽毛をくわえてはなでつけている。同時に、シラミなどの寄生虫を除去し、尾のつけね付近にある腺《せん》から出るワックスのような物質で羽毛をおおう。水浴びしてから羽づくろいをする鳥も多いが、ニワトリやライチョウなど地上でくらす鳥のなかには、羽根をぬらすかわりに砂浴びするものもいる。

耳あかがウシツツキの食物となることもある
尾羽を支えに体を固定する
くちばしで羽根の奥を探って、尾腺（尾のつけね部分にあって隆起している）から分泌される油分をくちばしにつける

ハジラミの若い個体

パワフルなシャワー

厚さ2cm の丈夫な皮といえども、ゾウの背中の皮膚《ひふ》にも私たちの柔らかい皮膚と同じように手入れが必要だ。この若いアフリカゾウは砂浴びを楽しみ、灰黒色の皮膚に薄茶色の乾いた土をまぶしている。皮膚に付着した土は油分を吸収し、ダニやシラミ、ハエなどの寄生虫を落とす。また厳しい日射しをさえぎる日焼け止めとしての働きもある。ゾウは泥浴びや水浴びもする。また、手ごろな木の幹や岩があると、必ずといっていいほど皮膚をこすりつける。

動物のリズム

この世界は、動物の生活に影響を与える周期的な変化、つまりリズムで満ち満ちている。たとえば24時間ごとの昼夜のくり返し、1年間の季節の移り変わり、潮の満ち引きなどがそうだ。地球上のどこに生息している動物でも、絶好のタイミングで食物を食べたり繁殖《はんしょく》を行ったりできるように、リズムに歩調を合わせている。もちろんカレンダーなどもっていないし、前もって計画を立てるわけでもないが、動物たちは身のまわりで起こる変化を感じ取り、その都度対応していくのだ。また、体内時計も関係している。この時計はホルモンや神経の働きによって時を刻んでいる。

潮の満ち引きに合わせた繁殖

太陽と月の動きが潮の満ち引きを支配し、潮の満ち引きは海辺の生物の生活を、そして外洋の動物の生活までも支配する。満潮から満潮までの周期は基本的に12.5時間だが、2週間ごとに、干満の差が最大となる大潮がめぐってくる。トウゴロウイワシのなかまのカリフォルニア・グルニヨンというスリムな魚は、この大潮に合わせて繁殖行動を行う。大潮が最高潮に達するとき、グルニヨンは群れをなしのたうつように浜へ上がり、そこで雌が産卵し雄は精子を放出する。1カ月後、ふたたび大潮のときに卵がふ化し、グルニヨンの若魚たちは波にさらわれて海へ出て行くのだ。

みんな一緒に目を覚ます

北米に生息するアカハラガーターヘビは、地中の穴や割れ目の中に入って集団で冬眠する。春が来て暖かくなり食物が増えてくると、お目覚めの時間である。最初に地表に出てくるのは雄《オス》たちだ。雌《メス》が現れると、1匹の雌に対して100匹もの雄が群がって交尾しようとして争い、くんずほぐれつの「ヘビ玉」ができる。この乱痴気騒《らんちきさわ》ぎがいつ起こるかは、その土地の気候に左右される。米国南部なら早くも2月に交尾《こうび》できるが、寒冷な気候のカナダでは6月になってやっと地表に姿を見せる

二交代制

24 時間ぶっ通しで活動する動物はほとんどいない。おおかたは昼間活動する（昼行性）か、夜間活動する(夜行性)かのどちらかである。起きている時間がずれているので、昼行性と夜行性の動物が同じような生活をしても、食物をめぐって争うことはない。たとえば、チョウとガはいずれも花の蜜を吸うが、チョウは昼間に花を訪れ、ガのほとんどは夜間に活動する。同じように、猛禽類《もうきんるい》のワシやタカは昼に狩りをし、夜は替わってフクロウが狩りをする。

チョウが蜜を吸うときは花にしっかりとまる

スズメガは花の前でホバリング（停空飛翔）しながら蜜を吸う。脚はたたんだままだ

潮の満ち引きに合わせた食事

ミユビシギなど、水辺にいる鳥（渉禽類《しょうきんるい》）にとっては、昼と夜のリズムよりも潮の満ち引きのほうが重要だ。引き潮のとき、ミユビシギは水際に沿って小走りに移動し、波に洗われて出てきた小動物をついばむ。満潮になると食事を中断し、また引き潮になるまで休憩だ。水辺の鳥のくちばしはきわめて鋭敏で、引き潮の時、月明かりのもとに食物を探すこともよくある。

個体数の周期的な変化

動物の個体数は年によって変動することが多い。天候や食物の供給量など、多くの要因が変動を引き起こしている。通常、個体数の変化は予測ができないが、動物によっては数年周期で増加と減少をくり返すものもいる。

カンジキウサギをしとめたカナダオオヤマネコ

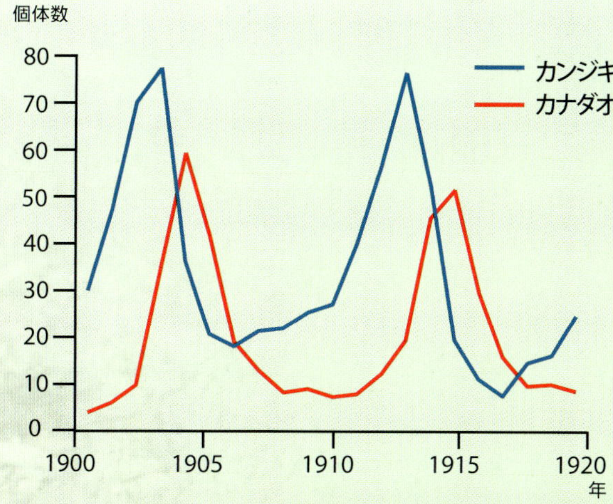

交互に訪れる好景気と不景気

北極圏に生息するノウサギのカンジキウサギとカナダオオヤマネコは、個体数が急増しては激減するというサイクルを9~10 年ごとにくり返す。まず食物不足によりウサギの個体数が減少する。するとオオヤマネコの食物が不足し、ウサギから1~2年遅れてオオヤマネコの個体数も減少する。

最後の脱皮をすまして外骨格を脱ぎ捨てたセミ。このあと交尾して卵を産む

10年以上も土の中

北米の周期ゼミは、動物の世界でも最長のリズムに従っているといっていいだろう。周期ゼミにはいくつかの種類がいるが、それぞれの生活サイクルはきっかり13年か17年である。セミは一生のほとんどを土の中ですごし、木の根から樹液を吸っている。13 年、あるいは 17 年たつと、いっせいに地表に出て木の幹にあがってくる。交尾して卵を産むためだ。数週間はあたり一面、耳をつんざくようなセミの鳴き声で満たされる。数十億匹ものセミが木にとまって呼びかけ合うのである。繁殖が終わると成虫は死に、また 13 年か 17 年後、次の世代が地面からはい出してくることになる。

大移動

動物のなかには、毎年毎年とほうもない長旅をし、陸を、空を、あるいは海を渡って大移動をするものがいる。本能の導きもあって、ちょうど食物の供給がピークに達するころに繁殖《はんしょく》地《ち》に到着することになる。子どもたちを育てあげると、繁殖地とは別の生息地に向かって移動し、そこで1年の残りをすごす。渡り鳥のなかには、移動距離が年間50,000km以上になるものもいる。つらく危険な旅だが、目的地につけば特別な食物や空間が見込める。

おそらく、頭部にある磁鉄鉱がコンパスのように働いて、地球の磁場を感じ取ることができるのだろうと考えられている

航路の決定方法

ハクガンは、繁殖地である北極地方と越冬地である米国南部のあいだを移動する。季節移動を行う動物はたいていそうだが、旅を始めるひきがねとなるのは、夏から秋へ、あるいは冬から春への日長時間の変化だ。大空へ飛びたった渡り鳥は、海岸などの地形的な目印や星の位置など、さまざまな手がかりを使って移動ルートを見いだす。また、体内にコンパスのようなものがあり、地球の磁《じ》場《ば》の方向まで感じ取ることができる。

動物たちの大移動

キョクアジサシという渡り鳥は北極と南極を往復し、1年に少なくとも32,000kmを旅する。コククジラは20,000kmの移動を行う。哺乳類ではこれが最高だ。オオカバマダラというチョウは4,800kmも移動する。

ケニア
ナトロン湖
タンザニア
エヤシ湖

ヌーは、雨季の雨前線の移動に合わせて時計まわりに移動する

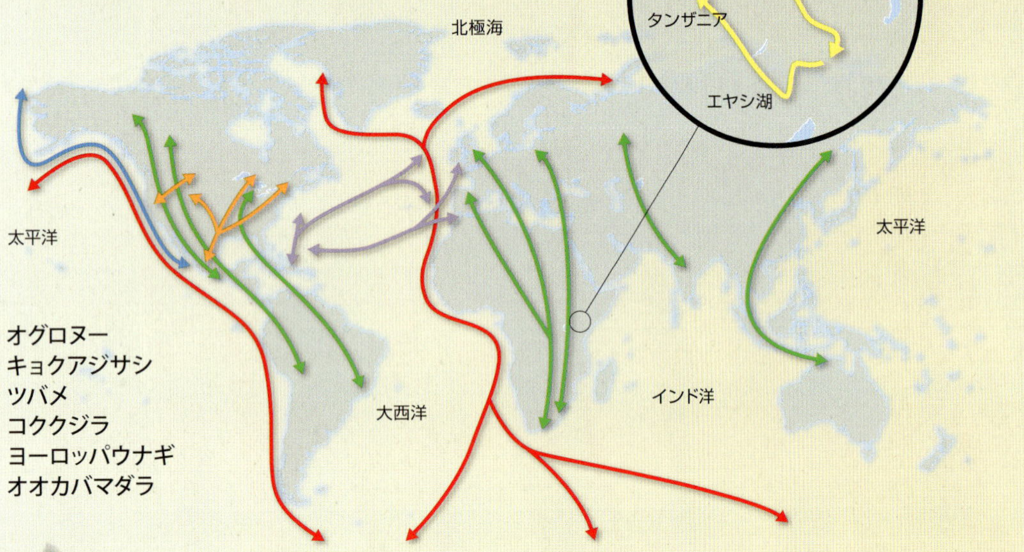
北極海
太平洋
大西洋
インド洋
太平洋
オグロヌー
キョクアジサシ
ツバメ
コククジラ
ヨーロッパウナギ
オオカバマダラ

小移動

インド洋のクリスマス島に、毎年おなじみのモンスーンの雨が降る。オカガニのなかまのアカガニは森のすみかから出てきて海岸へ向かい、そこで繁殖行動を行って海に産卵する。海岸までの移動には1週間ほどかかる。繁殖行動が完了したら、また森へ帰って行く。

一生に一度の大旅行

クジラのように寿命の長い動物なら、一生のうちに何十回となく大移動をすることになるだろう。だが動物によっては、一生にたった一度の移動しか経験しないものもいる。オオカバマダラの大移動は1回きりだ。ベニザケもそうで、成熟個体は苦労して川をさかのぼったすえに産卵し、力つきて死ぬ。

危険にさらされて

東アフリカに生息するヌーは、大集団となって草原を蛇行しながら移動する。飢えに突き動かされ食物を求めての移動だが、彼ら自身も食物としてさまざまな捕食者を引きつけ、ライオンやハイエナ、クロコダイルなどに狙われることになる。このヌーの群れはマラ川の泥水を渡っているところだが、ここでは毎年数百頭のヌーが殺される。

毎日出勤

カイアシ類と呼ばれる小さな節足《せっそく》動物は、昼間は深い海の暗いところに隠れている。夜になると、群れをなして水面へ上がってきて、植物プランクトン（微細な藻類《そうるい》）を食べる。カイアシ類を食べる捕食者たちも、あとを追って同じように移動する。

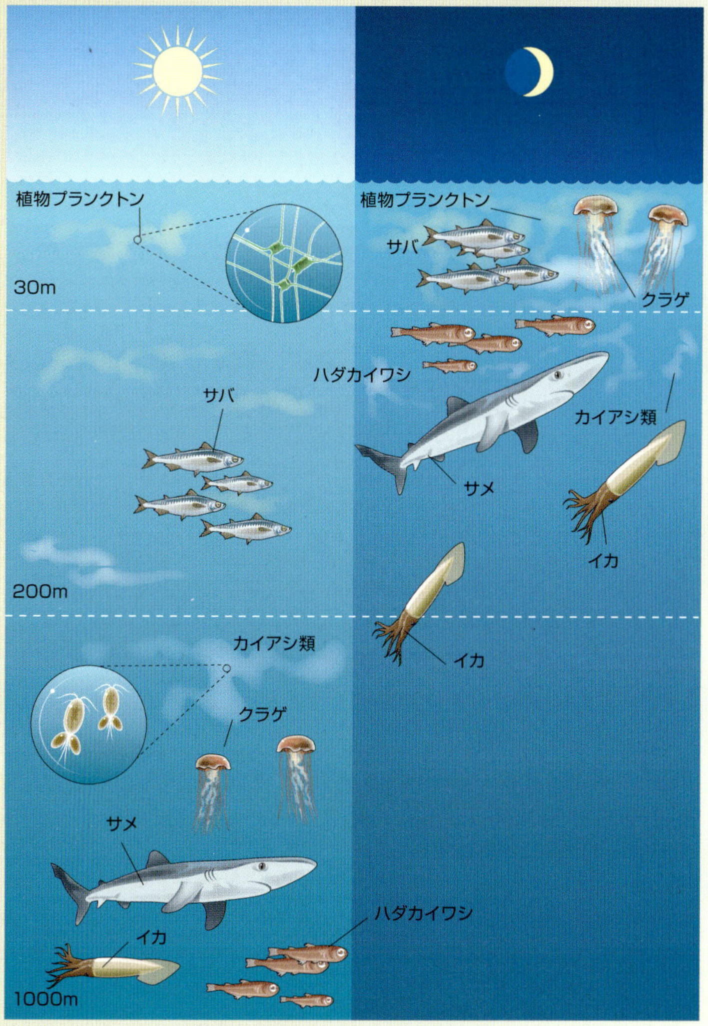
昼間
夜間
植物プランクトン
30m
サバ
200m
カイアシ類
クラゲ
サメ
イカ
ハダカイワシ
1000m
植物プランクトン
サバ
クラゲ
ハダカイワシ
カイアシ類
サメ
イカ
イカ

極限の環境で生きる

信じがたいほど苛酷《かこく》な環境で生き抜いている動物もいる。深海底の熱水噴出口付近に生息するポンペイワームは、80℃もの高温に耐える。一方、北極ではアメリカアカガエルや昆虫が、年に数カ月間も、かちんかちんに凍りながらも生きている。高山では鳥が8,000mの高さでえさを食べている。人間だったら息もできないほどの高所だが、鳥にとってはそれが日常だ。毎年、暑さや寒さ、干ばつに襲《おそ》われる地域に生息する動物たちは、生活が厳しくなると活動を休止することで生き延び、状況がよくなったら再び活動状態に戻る。

お熱いのがお好き

ポンペイワームは、太平洋海底にある熱水噴出口で1980年代に発見された。噴出口から噴き出る海水は400℃にも達するが、ポンペイワームは、噴出口と周囲の冷たい海水との間にあるわずかな「快適ゾーン」に生息している。頭は冷たい水の側に向け、尾で熱を受ける。

冬眠

冬の寒い気候では食物を探すのは難しい。このヨーロッパヤマネも含め、哺乳類《ほにゅうるい》の多くは冬眠して冬を乗り切っている。冬「眠」とはいえ、睡眠《すいみん》とはまったく異なる過程だ。冬眠中には体温がかなり低くなり、心臓は毎分数回しか拍動《はくどう》しなくなる。冬眠に入る前にたくわえておいた皮下脂肪《ひかしぼう》が、エネルギー源として消費される。

ディープフリーズ

ほとんどの動物にとって氷は命を脅《おびや》かすものだ。細胞内の水分が凍ると、細胞が破裂してしまったりするからだ。だが、寒冷な地方には氷点下の環境に耐えられる生物もいる。たとえば南極のアイスフィッシュがそうで、海水がマイナス2℃でも活動できる。天然の不凍液の役目をするタンパク質を体内にもつおかげだ。アイスフィッシュのなかまは脊椎《せきつい》動物としては唯一、酸素《さんそ》を運ぶ赤血球をもっていない。必要な酸素はすべて血液の液体成分に溶けて運ばれる。

アイスフィッシュの体が透明なのは、色素がなく赤血球もないからだ。

コウモリの冷たい体の上に集まった水滴

チルアウト

洞窟《どうくつ》の奥深く、ホウヒゲコウモリが休眠して冬が過ぎるのを待っている。体温は氷点より数℃だけ高く、水滴が毛皮の上にびっちりついている。冬のあいだ、このコウモリは短時間目をさましては身を震《ふる》わせ、筋肉の正常な機能を保つようにする。

冬眠の途中で短時間起きることがあるので、そのとき食べるためにヘーゼルナッツを持ち込んである

足を引っ込めてお休み中

顕微鏡レベルの小さな動物には、極限状況にきわめてたくみに対処するものがいる。クマムシは乾燥すると足を体の中にしまい込む。こうなると、生命活動がまったく見られなくなるが、クマムシは10年以上もそのままの状態でいられる。

活動中のクマムシは足を伸ばしている

ワックスを分泌して全身をおおい、水が逃げないようにして休眠する

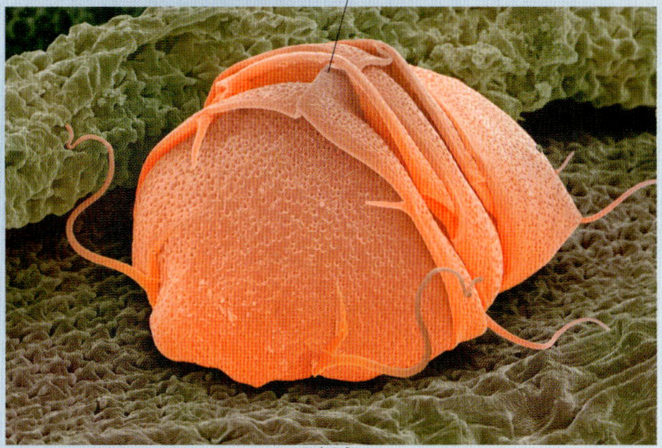

休眠中のクマムシは足を格納《かくのう》している

皮膚でできたまゆは、カエルが地表に出てくるときにはがれる

雨を待ちながら

オーストラリアの砂漠にすむミズタメガエルは、地中に潜《もぐ》って乾燥《かんそう》に耐える。ぼうこうに水をたくわえ、かつ、脱ぎ捨てた皮膚《ひふ》でまゆをつくって体をぴっちり包み込み、水分の蒸発《じょうはつ》を防ぐ。嵐のあと、地表に出てきて一時的にできた水たまりに産卵する。水たまりはすぐに干上《ひあ》がってしまうが、そのころには親ガエルと子ガエルは無事に地下に潜っている。

動物たちの食事

生きるために必要なエネルギー源

動物が生きていくにはエネルギーが必要で、ものを食べるのはそのエネルギーを得るためだ。多くの動物は葉や果実、種子を食べるが、生きた動物や、死体の残がいを食べるものもいる。数週間も何も食べずにいられるものもいるが、ほとんどの動物は毎日食事をする必要がある。食物から得たエネルギーは、生きものから生きものへと受け渡されながら使われていく。このつながりを食物連鎖《しょくもつれんさ》といい、これは植物が太陽の光を利用して食物（グルコースなどの炭水化物）をつくるところから始まる。動物が植物を食べることは、すなわちこのエネルギーを受け取ることなのだ。

翼の筋肉も食物から得たエネルギーで働く

食事に合った道具

肉を食べるのと草を食べるのとでは、食物を集め分解するための道具が異なる。たとえば哺乳類《ほにゅうるい》は食べるものによって歯のかたちが違う。ライオンは先のとがった犬歯《けんし》で獲物をしっかりくわえこみ、はさみのような裂肉歯《れつにくし》で肉を裂く。一方、ウサギはつねに成長を続ける切歯《せっし》で草をかみ切り、ほほの奥に並ぶ臼歯《きゅうし》で植物をすりつぶす。

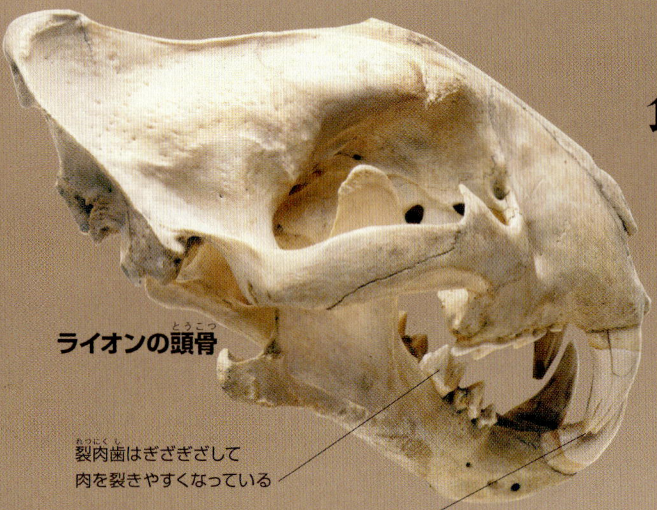

ライオンの頭骨《とうこつ》

裂肉歯《れつにくし》はぎざぎざして肉を裂きやすくなっている

犬歯《けんし》の先端は鋭くとがる

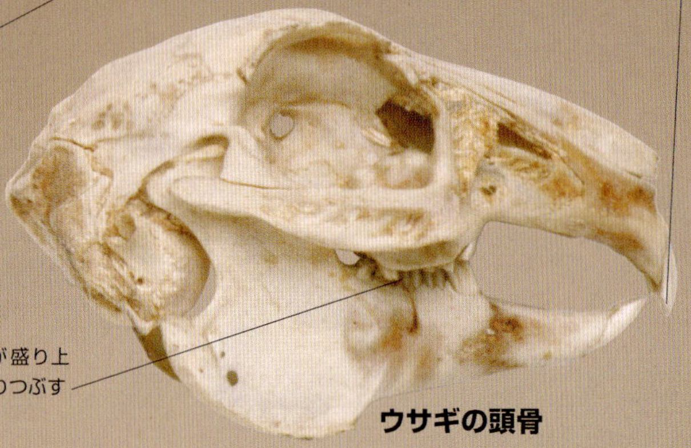

草をかみ切る切歯は平たくて先端が鋭い

臼歯《きゅうし》は平たく、ふちが盛り上がっていて、食物をすりつぶす

ウサギの頭骨

果実の晩餐《ばんさん》

冬のあいだ、ノハラツグミはベリー類をたんのうする。それ以外の食物はほとんど見つからないのだ。果実のようなごちそうは、葉で行われる光合成《こうごうせい》という過程を通し、木々が太陽のエネルギーを取り込んでつくり出したものだ。木はもちろん、どの植物も太陽のエネルギーを利用して成長し、糖分やでんぷんなどのエネルギー豊富な物質をつくっている。ノハラツグミなど、果実食の動物たちはこれを食物として食べ、お返しに種子の散布を手伝う。

食物連鎖

太陽の光エネルギー
ほとんどの生物は、太陽のエネルギーをもとに生きている。植物は太陽の光エネルギーを利用して食物（炭水化物）をつくり、食物中に封じ込められた化学エネルギーが、食物連鎖を通じて受け渡されていく。植物が動物に食べられ、さらにその動物が別の動物に食べられ、というふうに、食物連鎖は鎖のようにつながっている。

草
北米の広大な温帯草原地帯のプレーリーでは、草などの植物が日光を集めている。草は光エネルギーを利用して葉を生い茂らせ種子をつくる。密なネットワークのように広がる根も、もちろんそうやってつくられる。

バッタ
プレーリーには、植物を食べるバッタなどの昆虫が数多く生息している。特に夏には、植物の成長が速く大量の食物が供給されるため、昆虫は爆発的に増える。

ヒョウガエル
夜になると、ヒョウガエルが池から出てきて獲物を探す。餌食となるのはバッタのほか、ミミズやムカデなどのプレーリーにいる小動物だ。

ガーターヘビ
このほっそりしたヘビはさまざまな生息地でくらすが、特に湿気の多いところを好む。ガーターヘビはヒョウガエルを陸上でしとめたり、水中を泳いで追いかけたりする。

チュウヒ
タカのなかまのハイイロチュウヒはプレーリーの上をなめるように飛び、カギ爪でヘビをひっつかむ。プレーリーではチュウヒが最上位の捕食者であり、チュウヒを食べる天敵はいない。

多目的なくちばしは
果実だけでなく
昆虫やミミズなども扱える
ベリー類には夏のあいだに
作られたエネルギー豊富な
糖分《とうぶん》がつまっている

鋭い口器。使わないときは
体の下にたたみこんでいる

栄養たっぷりの液体

植物は硬いので食べにくく、食べたとしても消化するのが難しい。だが植物のつくり出す甘い液体は、昆虫や鳥類など多くの動物に好んで摂取される。花の蜜《みつ》や、木の幹や茎の内部を流れる樹液などがそうだ。アブラムシは樹液だけを食物として生きている。管状になった口器を茎に突き刺して、しみ出してくる液体を吸い込む。

新鮮な肉のごちそう

とぐろを巻いてヤモリを締めつけるパラダイストビヘビ。毒が効いたら食事に取りかかろうと待機中だ。捕食者の例にもれず、このヘビも獲物にこっそり忍び寄っていきなり襲撃《しゅうげき》し、逃げるすきを与えない。狩りは時間がかかり、かつ危険な作業でもある。だが成功しさえすれば収穫は大きい。肉はエネルギーと栄養分に満ちている。だから肉を食べるものは、植物を食べるものに比べ食べる量が少なくてすむ。

手間を惜しまず世話をする

動物は、集めた食物を必ずしも直接食べるわけではない。ハキリアリは木から葉を切り取ってきて地下の巣の栽培室《さいばいしつ》まで運び込み、葉を苗床《なえどこ》として菌類《きんるい》（キノコ）を栽培する。ハキリアリが食べるのはこのキノコなのだ。アリたちは、キノコがよく育つようにせっせと面倒をみる。女王アリが巣分かれして飛んでいくときには、このキノコの一部をたずさえていく。

切った葉をくわえて
巣まで戻る働きアリ

野外貯蔵庫で保存食料つくり

先端がカギのようになったくちばしで、甲虫をトゲに刺す雄《オス》のセアカモズ。すでにトカゲとチョウを捕まえて突き刺してある。この貯蔵庫がいっぱいになったら、別の場所を探すだろう。獲物がよく見つかるとき、モズは余った分をヒースの生えている荒野の木や繁みにこうしてたくわえておき、食料が足りなくなったら戻ってくる。狩りをする動物が食料をたくわえるのは珍しい。死んだ獲物はすぐ腐《くさ》ってしまうからだ。だがモズのこの方法では、昆虫や小動物ならすぐに乾燥《かんそう》するので、しばらく時間がたってから食べても問題ない。

グレーザーとブラウザー

地球の陸地表面積の5分の1は広大な草原におおわれ、そこにはグレーザーが生息している。グレーザーとはおもにイネ科の草本《そうほん》を食べる動物のことで、大型哺乳類《ほにゅうるい》の多くが含まれる。グレーザーは体に必要なエネルギーを草だけでまかなう。草は大量に生えるが、含まれるエネルギーや栄養分は少なく、また消化が難しい。だから生きていくために、グレーザーは1日の大半を食事に費やさなければならない。一方、特定の木の葉や芽、果実、種子などを選んで食べる動物のことをブラウザーと呼ぶ。

プレーリーの巨体

アメリカバイソンは重量級のグレーザーで、すさまじい食欲の持ち主だ。おとなの雄は1日に50kgもの草を食べなくてはならない。ほかの大型哺乳類のグレーザーと同じように、バイソンには硬い繊維質《せんいしつ》の食物を消化するための特殊な消化系があり、反すうをする。一時は、100万頭以上のバイソンが巨大な群れとなって北米のプレーリーを動きまわっていたこともある。だが今日、バイソンの個体数は激減している。人間が狩りをしたり、作物を植えるために草原の大半を耕してしまったりしたためだ。

長く曲がった爪を枝に引っかけられるので、木に登ったりぶら下がったりしても疲れない

食べた草は体脂肪に変えてたくわえる

鳥類のグレーザー

大型グレーザーは哺乳類だけではない。このコザクラバシガンは、渡りの途中で英国の東海岸に立ち寄り、草を食べているところだ。ガンは泳ぎが上手で足には水かきがあるが、ほとんどの陸上でえさを食べる。鳥には歯はないけれども、くちばしで草の束をくわえ、ぐいと引っ張ってちぎり取る。

植物を消化する

ヒツジやウシなどの反すう類は、草に含まれるセルロースという丈夫な物質を消化できない。そこで微生物の助けを借りる。第一胃（4つに分かれた胃のうちで最大の部分）に生息する微生物《びせいぶつ》がセルロースを分解してくれるのだ。分解物は逆流させて口まで戻し、そこで2度目のそしゃくをする。その後、食物は胃のほかの部分や腸《ちょう》を通り、栄養分が吸収される。

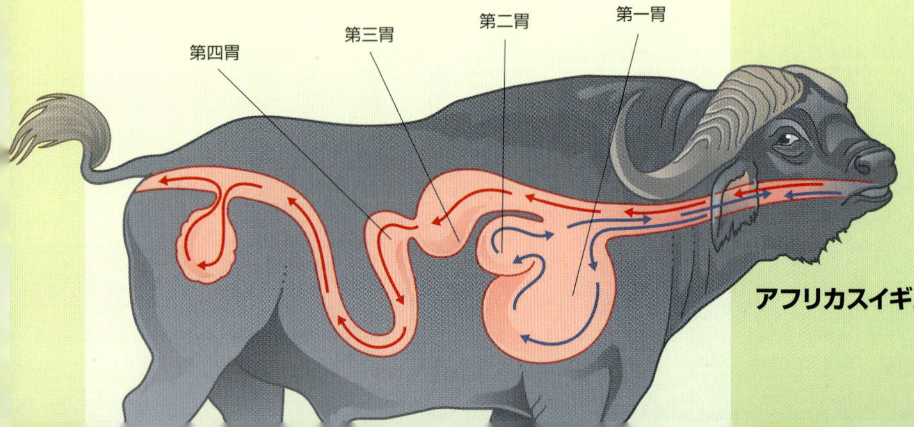

アフリカスイギュウ

食事もスローモーション

カギ型に曲がった爪でしっかり枝にしがみつき、葉を食べながら移動するフタユビナマケモノ。ナマケモノはほとんどの時間を木の上ですごす。超スローな動きは有名で、1日の大半は休息している。ナマケモノは消化も動きと同様ゆっくりしている。食べた葉が体を通過するのに1カ月以上もかかることがある。植物食動物としては最長記録だ。

ナマケモノが食べるのは
限られた植物の葉だけだ

毛が逆立っているので、
食事中に雨に降られても
水滴はすぐに流れ落ちる

海底牧場

ガラパゴス諸島のウミイグアナは、植物食動物のなかでもかなり変わった部類に入る。海岸で食事をするのではなく、海に潜って水中の海藻類《かいそうるい》をむしって食べるのだ。平たい尾を使って泳ぎ、体が浮かないように鋭い爪《つめ》で岩にしがみつく。ガラパゴス諸島は赤道直下にあるが、周囲の海は冷たい。藻類を食べたのち、イグアナは陸に戻って日光浴する。そうすると体温が上がって消化の助けにもなる。

竹がごちそう

クマのなかまのジャイアントパンダはベジタリアンだ。クマにしては珍しく、ほとんど竹しか食べない。だが歯は肉食用のままだ。パンダの手は5本指だが、まるで6本目の指があるように見える。これは、手首の骨の一部が特別に長く伸びたもので、人間の親指のように動かして、ほかの指と向かい合わせにすることができる。パンダはこれを使って竹の茎をつかむ。植物を食べる他の動物と比べ、パンダは消化効率があまりよくないので、1日に40kgの竹を食べなくてはならない。

手首の骨が長く伸びて隆起
したところがあり、本物の
親指と向かい合わせにして
竹を握ることができる

食事は花で

花を咲かせる植物は250,000種以上あり、その4分の3以上が蜜《みつ》をつくる。動物はこのエネルギー豊富な液体を食物とするが、お返しとして、花粉をつけたまま次の花に移動して受粉を媒介する。そのおかげで植物は種子をつくることができる。花にはものすごい数の昆虫が訪れ、また鳥類や哺乳類《ほにゅうるい》でも特殊なものがやってくる。蜜だけではなく花粉を食べるもの、さらには花自体を食べるものとさまざまだ。

蜜を飲むときはくちばしはほとんど閉じ、先端だけ少し開く
高速で羽ばたいて花の真下の位置をキープする

飛びながら食事する

オダマキの花にやってきたノドアカハチドリの雌。1秒間に50回以上も羽ばたきしながら、空中にぴたっと止まってお食事だ。ハチドリはくちばしを花の奥深くまで差し込み、舌を素早く出し入れして蜜を飲む。ノドアカハチドリは体長わずか10cmだが、中央アメリカから北へ向かい、カナダまで渡っていく。旅を始める前には蜜を飲んで燃料補給する。

夜間飛行

日が落ちると、昼間の花粉媒介者《ばいかいしゃ》たちは姿を消し、まったく別の動物たちが花にやってくる。長い柄の先端に束になって咲くアオノリュウゼツランの花には、メキシコハナナガヘラコウモリが食事に訪れている。昆虫を食べるコウモリと異なり、花を訪れるコウモリは視覚が発達して嗅覚《きゅうかく》も鋭い。コウモリが花粉を媒介する花は、人間の鼻にはひどく甘ったるいにおいだと感じられるが、コウモリはそのにおいに引きつけられ、1km以上離れた風下からやってくることもある。

ときどき食べに来る

あごを使って雄しべから花粉をこそげとっているハムシ。この花の花粉はあらかた食べられてしまうが、いくらかはハムシの体に付着し、次に訪れる花まで運んでもらえるだろう。花粉はハムシの食物の一部分にすぎない。ハムシが訪れるのは、苦労せずにたどりつけて、かつ花粉や蜜が簡単に手に入るような花だけだ。花以外には、葉や種子といった植物のほかの部分を食べる。

強くがんじょうな花はコウモリに花粉を食べられても傷まない

力強い尾を茎に
巻きつけて体を支える
足の親指はほかの指と
向かい合っており、
５本の指すべてに
肉球があってすべらない
ユーカリの花には花弁は
ないが、綿毛のような
雄しべが動物の体に
花粉をこすりつける

身軽なクライマー

オーストラリアには身の軽い有袋類《ゆうたいるい》が何種類もいて、やぶや森林の花を訪れている。このブーラミスは、花や昆虫、クモなどを含め、いろいろなものを食べ、ユーカリの花の蜜も飲む。繁殖期《はんしょくき》には、雌はふくろに最大4匹の子どもを入れたまま樹上高く登ったりもする。オーストラリア西部にすむもっと小さな有袋類のフクロミツスイは、花の蜜だけで生きている。

剛毛が生えた花粉かごで
花粉を圧縮して
ボール状にする

2種類の食物

花にやって来たミツバチがすることは2つある。長い舌で蜜を飲むこと、そして花粉を集めて脚に生えた毛にくっつけることだ。ミツバチはひっきりなしに前脚を湿らせては花粉をかき集め、後脚の「花粉かご」という部分にためていく。いっぱいになったら蜜と花粉をもって巣に戻る。蜜はエネルギー豊富なハチミツにしてたくわえ、花粉はおもに幼虫の食料にするのだ。

大きくて高さのある翼が
十分な揚力をつくり出し、
コウモリは花のすぐそばまで
上手に飛んで来る
突き出た雄しべの花粉が、
食事中のコウモリの鼻づらに
こすりつけられる

相性ぴったり

花を咲かせる植物と花を訪れる昆虫とは、1億年以上前から足並みそろえて進化してきた。さまざまな種類の昆虫が花粉を媒介する花もあるが、特殊なかたちをしていて、ただ1種類の決まったパートナーしか利用できない花もある。マダガスカルに生息するキサントパンスズメガの舌は長さ30cmだ。このスズメガは、ある種のランを訪れる。このランの花には、花びらの一部が管状になって後方に長く長く伸びた部分があり、花の蜜はこの管の奥にあるのだ。このランの花粉を媒介するのは、キサントパンスズメガだけだ。

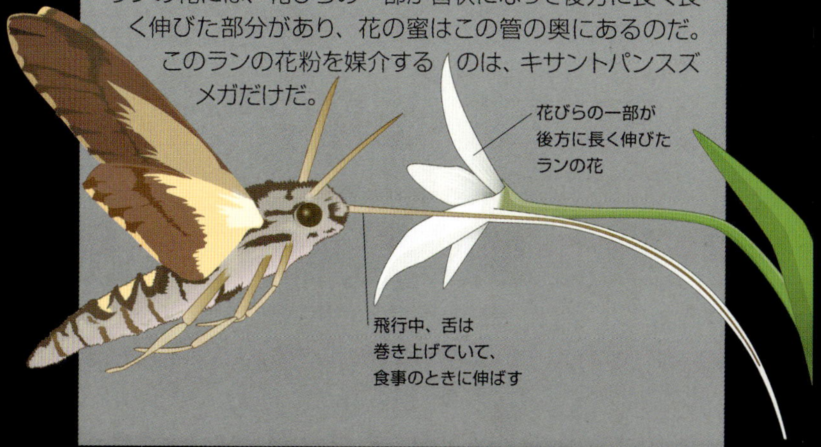

花びらの一部が
後方に長く伸びた
ランの花
飛行中、舌は
巻き上げていて、
食事のときに伸ばす

果実や種子を食べる

葉に比べ、果実や種子には栄養がつめ込まれている。そのため、多くの動物が果実や種子を食物としている。気候の暖かいところでは、果実は一年中実っている。ほかのところでは、果実は特定の季節だけに実るので、その年の収穫物がつきたらほかの食物に切り替えなければならない。種子は果実と違って長期間保存できるので、すぐ食べてもいいし、どこかに隠しておいてもいい。

内部犯行

ゾウムシの幼虫がドングリに開けた穴から外をうかがっている。この幼虫はドングリを中から食べて育つ。ドングリが地面にぶつかると、初めてはい出してきて地面に潜《もぐ》る。地中で成虫になり、次の年にはドングリに卵を産むわけだ。このように生活サイクルが2つの段階に分かれるのは、昆虫ではよくあることだ。多種多様な昆虫が、穀類《こくるい》や豆類など、栽培《さいばい》植物の種子の中で育つ。

場所を変えながら食事する

果実はオランウータンのメニューにおいて最重要品目だ。オランウータンは東南アジアの熱帯多雨林に生息しているが、十数種類もの野生のイチジクや、ドリアン、ライチ、ランブータンなどを食べる。それぞれ実る時期が違うので、オランウータンは果実が熟するのに合わせて移動する。乾期には、果実がほとんどなくなるので、葉や昆虫など果実以外の食物に切り替える。種子を手に入れるのに棒を使うオランウータンもいる。これはほかの個体がやるのを見てまねすることで身につけた技能だ。チンパンジーやゴリラとは違い、オランウータンは一生のほとんどを木の上で過ごし、ごくたまにしか地面には降りてこない。

最後の晩餐《ばんさん》

熟したイチジクを食べるヨーロッパスズメバチ。においをたよりに見つけたごちそうだ。春から夏にかけて、スズメバチはほかの昆虫を狩って幼虫を育てる。夏が終わるころには幼虫がいなくなり、スズメバチは狩りをやめて果実を食べるようになる。だが、このごちそうを味わえるのもつかの間だ。女王バチとは違って働きバチは冬眠することはなく、最初の霜《しも》が降りるときにほとんどの個体は死んでしまうのである。

鋭敏な触角で、空を漂う糖分のにおいを感じ取る

血液から老廃物を除去する腎臓
食物をそのうへ運ぶ食道
食物をすりつぶす砂のう
栄養分を吸収する腸
食物をたくわえるそのう
すべての排出物を出す総排泄腔《そうはいせつこう》
ハトの体内の構造

種子を消化する

鳥には歯がなく、種子であれ何であれ食物をかみ砕《くだ》くことはできない。小さな種子は硬い殻を取りはずしてから丸飲みすることが多い。飲み込んだ食物はそのうという貯蔵室に入り、そのあと筋肉質の砂のうに移って、そこですりつぶされる。鳥は石を飲み込んで砂のうにためておき、消化の助けにしていることがよくある。

野外貯蔵庫

種子を貯蔵《ちょぞう》する哺乳類《ほにゅうるい》や鳥類は多いが、ドングリキツツキの貯蔵庫はずいぶんあけっぴろげだ。木に穴を開けてドングリをねじ込むのである。このキツツキは集団で作業し、合計5万個ものドングリをたくわえ、用心深く警備する。種子を地中に埋めて貯蔵する鳥も多いが、何千個という種子を埋めた場所を数カ月後になっても覚えているというから驚きだ。

硬いナッツもおまかせ

スミレコンゴウインコはオウム類のなかでは最大で、くちばしの強さはほかのどの鳥にも負けず、1cm² あたり150kgの力を発揮できる。かなり硬いヤシの実を割るにも十分な強さだ。ほかのオウムと同じように足を使って食物を押さえ、ずんぐりした舌で実を回して割りやすい方向に向ける。

上のくちばしと頭骨のあいだには関節がある
舌
先のとがったくちばしで実の中の柔らかい部分をほじくり出す
足には肉質の指が4本あり、それぞれ長い爪《つめ》が生えている

あごで食物をどろどろにかみ砕いてから飲み込む

雑食

動物の多くは、植物食動物か捕食者のどちらかに分けられ、食べものを変えることはほとんどない。だが雑食動物のメニューは時により変わり、そのとき食べられるものを何でも食べる。雑食動物にはゴキブリから屈強なヒグマまで、いろいろな動物が含まれる。ヒグマは世界最大の雑食動物で、体重は500kgを超えることもある。大きさにかかわらず、雑食動物はいずれも適応力が高く冒険好きで、食べたことのないものでも試してみることにやぶさかではない。都市でうまくくらしているものもいる。雑食動物の1種である人間が捨てたゴミを食べて生きているのだ。

死の跳躍《ちょうやく》

春になるとアラスカヒグマ（グリズリー）は川に入り、サケが卵を産むために川をさかのぼってくるのを待ち構える。これはヒグマにとって毎年の主要行事である。魚はとても栄養のある食物だからだ。ヒグマは数十頭となく早瀬に集まって、空中に跳び出たサケを捕まえる。毎年恒例のごちそうのおかげで体のサイズも違ってくる。魚があまり捕れないほかの地域のヒグマに比べ、アラスカヒグマは倍の体重になることもよくあるのだ。

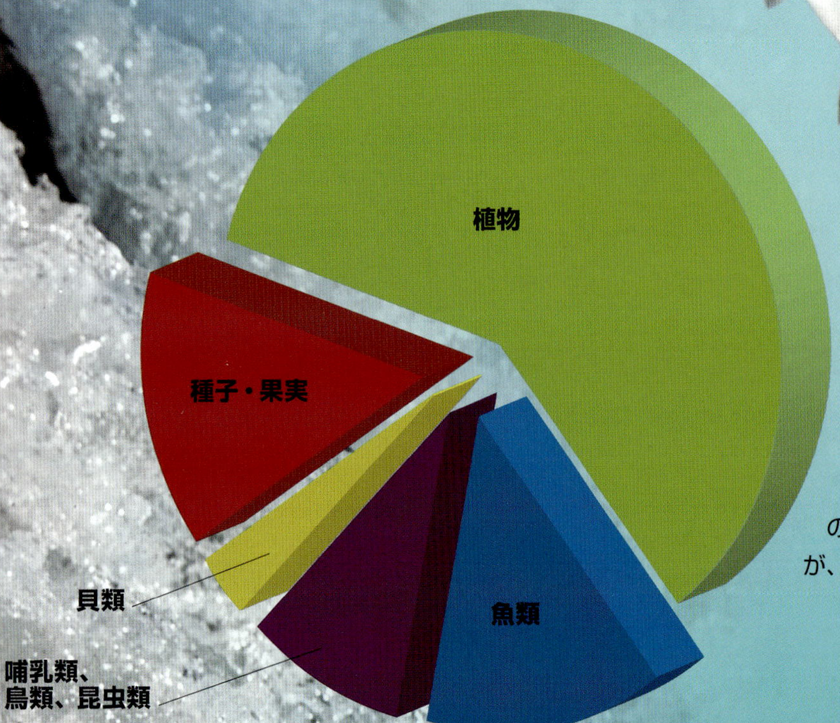

ヒグマの食べもの

ヒグマは北半球の広い地域に分布している。ヒグマのえさは季節により、また生息地域により異なる。アラスカとロシア東岸のヒグマの食物は10分の1以上が魚で、シカや膨大《ぼうだい》な数の昆虫の幼虫なども食べる。狩りの腕前はたいしたものだが、それでも食物の約4分の3は植物である。

鼻がたより

雑食動物の多くは夜に活動し、においで食物を探し当てる。イノシシはおもに夕暮れどきと夜明けごろに食物を探す。においをたよりに、落ち葉のなかからドングリやベリー類を見つけ、ネズミや鳥、甲虫などの小動物も捕まえる。地中に埋まって見えないものでもにおいをキャッチする。鼻づらをシャベルのように使って土を掘り、植物の根や菌類《きんるい》、幼虫、ミミズ、それに死体などを手に入れるのだ。食物が不足したときは、畑のトウモロコシなど、作物を掘って食べることもある。

えり好みはしません

カラスは、近縁種《きんえんしゅ》のワタリガラス、カケス、カササギとともに頭のいい鳥で、どんな食物にも旺盛《おうせい》な食欲を見せる。鳥はそしゃくできないので、まず硬いものにぶつけて細かく砕《くだ》いてから食べることが多い。このカメもそうなる運命だ。ものによっては丸のみする場合もある。カラスは哺乳類《ほにゅうるい》よりも嗅覚《きゅうかく》が鈍く、食物を見つけるのは視覚にたよっている。ほかの鳥の巣を襲撃《しゅうげき》して卵やヒナを食べる。また、目についたきらきら光るものを盗《ぬす》むのが好きだ。

硬いこうらのある
アカハラガメの若い個体

侵略者《しんりゃくしゃ》たち

たくさんの雑食動物が街なかや、ときには建物のなかにすんでいる。昆虫を除けば、都市でいちばんうまくやっている雑食動物は哺乳類だ。おもに夜間に活動するので、気がつかれずに人間のすぐそばに生息することができる。人間にとって、アライグマやキツネは厄介者だ。ゴミ箱をひっくり返してぐちゃぐちゃにしてしまうからだ。だが、病原体を媒介《ばいかい》して感染《かんせん》症《しょう》を広める恐れのあるラットのほうが、問題としては深刻だ。

ドブネズミ（ラット）
ドブネズミは世界中に生息している。好きな食べものは穀物《こくもつ》や種子だが、それ以外のものも、ニワトリの骨から石けんまで、ありとあらゆるものを食べる。食物が十分にあれば一年中繁殖《はんしょく》可能だ。

アライグマ
北米にすむアライグマが、小さいが鋭敏な前足でゴミをより分けている。本来の生息地は森林地帯だが、木が生えていれば市街地でもやっていける。ゴミをあさる以外に、庭に植えた植物を掘り出したり、池の魚を捕まえたりもする。

アカギツネ
ヨーロッパや北米の都会では、キツネは珍しくない。にぎやかな都市の中心部で見られることもある。活発に動きまわり、食物を探して一晩で 10km も移動することがある。ふだんは夜に食物を探すが、日の出後もしばらく活動してすみかに戻ることもある。

共食い

ほとんどの捕食者は、自分のなかまを餌食《えじき》にするのは本能的に避けている。だが雑食動物のなかには、機会さえあればなかまに襲《おそ》いかかって殺し食べてしまうものもいる。北米の砂漠にすむこのモルモンクリケット（「クリケット」はコオロギの意味だが、コオロギではなくキリギリスのなかま）はまさにそれをやっている最中で、身の毛もよだつ食事が半ばを過ぎたところだ。ふだんモルモンクリケットが食べるのは植物だが、大発生してえさが不足し始めると、なかまを狙って食べるようになる。このような共食いはかなり珍しいが、ナメクジなどの雑食動物には、なかまの死体を食べるものも多い。

強力なあごで、
よろいのように硬い外骨格《がいこっかく》も
砕いてしまう

ひっくり返されて
柔らかい部分があらわになった
モルモンクリケット

フィルターフィーダー

いちいち獲物を狩るかわりに、まわりの水から食物をこしとって食べるのがフィルターフィーダー（ろ過食動物）だ。これはきわめて効率的な摂食方法で、淡水域や海に生息する動物の多くが採用している。フィルターフィーダーでずばぬけて大きいのはシロナガスクジラで、人間の指ぐらいのサイズのオキアミという甲殻類《こうかくるい》を主食としている。フィルターフィーダーには鳥類や魚類のほか、岩礁《がんしょう》のイガイやフジツボから外洋のクラゲに似たサルパまで、膨大な数の無脊椎《むせきつい》動物が含まれる。ミミズもそうだ。ほとんどのフィルターフィーダーは生きた動物や微生物を食べるが、なかにはスカベンジャー（腐肉食《ふにくしょく》動物）のように死体を食べるものもいる。水中には、死体のくずが水の流れに乗って漂ってきたり、水面から沈んできたりするので、それをこしとって食べているのだ。

記録的な食欲

シロナガスクジラは世界最大の採食《さいしょく》マシンで、成長すると長さ 30m になる。歯はなく、その替わりに上あごからくじらひげがつり下がっていて、これがフィルターの役目をする。オキアミの群れを見つけたシロナガスクジラは口を開け、のどを風船のように膨《ふく》らませて群れのなかを突っ切る。その後、口を閉じてのどと舌で圧力をかけて水をひげのすきまから追い出し、ひげに引っかかったオキアミを飲み込む。このろ過システムを用いて、1回の食事で一気に1トンの食物を食べることもできる。

筋肉のひだが収縮《しゅうしゅく》して水を口から押し出す

魚のフィルターフィーダー

口を大きく開けたシマサバの群れ。呼吸器官であるエラを利用してえさを採っているところだ。エラには鰓耙《さいは》というくしの歯のような特殊な構造があって、サバが口を開けて泳ぐと、小動物がそれにひっかかるのだ。フィルターフィーダーの魚にはニシン、カタクチイワシ、イワシなどが含まれるが、大型の魚でもこの方法を採用しているものがいる。なかでも最大なのはジンベエザメで、体長 14m にもなる。ジンベエザメは熱帯の海をゆったりと泳ぎ、甲殻類や小型魚類、イカなどをさらって食べている。

おじぎのような姿勢で

フラミンゴは鳥類唯一のフィルターフィーダーだ。塩湖やラグーン（潟《かた》）に生息し、独特のかたちをしたくちばしで小エビや植物プランクトンを集めて食べている。くちばしの中に水を吸い込み、舌をポンプの要領で動かして水を押し出すと、くちばしの内側のふちに並んだ細かい毛の生えた板状の突起に食物がひっかかる。ヒナはくちばしがまっすぐで、親の出すミルクのような液体をもらって育つ。

くちばしを上下逆さまに水につけ、左右に揺らして採食するフラミンゴ

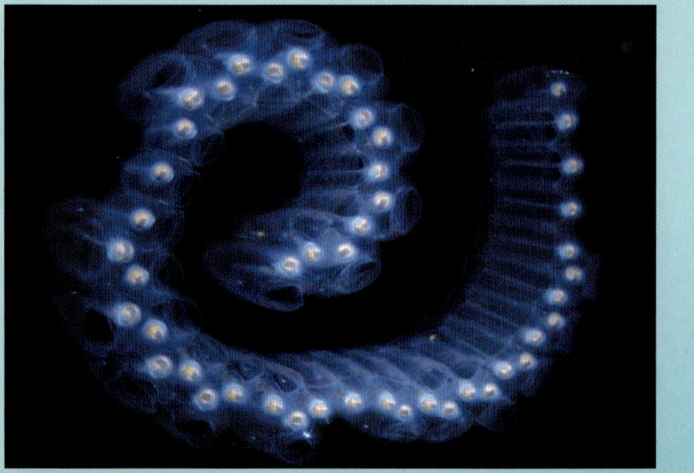

奇妙な生活

この奇妙な物体はサルパという生きものが鎖状《さじょう》につながったものだ。サルパはフィルターフィーダーで、ホヤに近縁な生きものだ。ホヤはおとなになると固着生活を送るが、サルパは固着することなく海を漂う。体は中空の管状で、筋肉でポンプのように水を送り出し、フィルターで食物を集める。数百匹のサルパがつながっていることもあり、長さは数m、太さは人間の脚ほどになる。この鎖《くさり》はそのうちばらばらになり、それぞれのサルパが卵をつくって、新たな鎖が伸び始めることになる。

上下のあごのせまいすき
まから水が押し出されるが、
オキアミは口のなかに残る

固着生活を送るフィルターフィーダー

海中には、成体になると固着してフィルターフィーダーとして生活するものが多い。このケヤリムシは羽根のような触手《しょくしゅ》を伸ばして粒子状《りゅうしじょう》の食物を集めている。触手には微細な毛がびっしり生えている。ケヤリムシは砂と泥で作った管のなかにすむ。ちょっとした刺激にも敏感に反応し、危険が迫ると触手を扇のようにたたんで即座に身を隠す。

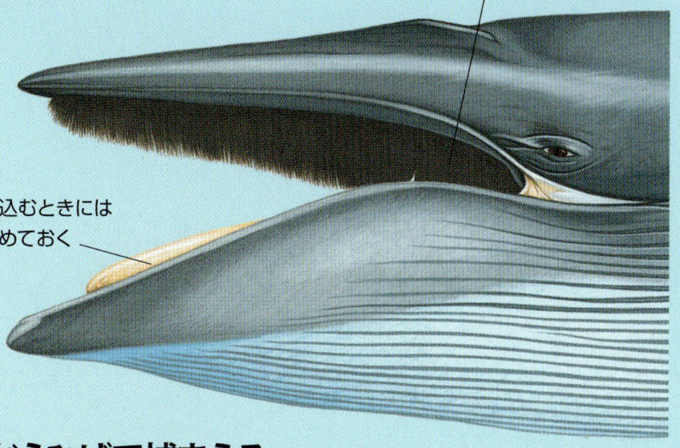
板状のくじらひげは、
後方のもので基部から先端まで
最大 1.02m にもなる
口を開けて
食物を取り込むときには
舌は引っ込めておく

くじらひげで捕まえる

シロナガスクジラには板状のくじらひげが 400 枚もあり、上あごの左右両側からつり下がっている。くじらひげはケラチンという繊維状《せんいじょう》のタンパク質でできている。板の外側は硬くかっちりしているが、内側の面は荒いブラシの毛のようにほつれた状態になっている。この毛が重なり合って、頭の両側で巨大なふるいとなる。このふるいを用いて、食物を口の中にとどめたまま水を押し出すのだ。

ただ乗り

コバンザメは泳ぎまわって食物を探さなくてもよい。頭の上の吸盤《きゅうばん》で、自分より大きな魚にくっつけばよいのだ。単独で乗せてもらうこともあるが、十分成長したジンベエザメなら、この写真のように20匹以上のコバンザメが同乗することも可能だ。ジンベエザメの強力な筋肉の力に便乗して海中を移動できるのだ。コバンザメは宿主の皮膚《ひふ》から寄生虫を取って食べる。また、宿主の体からはいつでも好きなときに離れられる。宿主の食べ残しや、宿主が泳ぎながらまき散らした排泄物《はいせつぶつ》を食べるために離れることもある。

スカベンジャーとリサイクラー

捕食者は、しとめた獲物を全部たいらげるのではなく、部分的に残していくことが多い。捕食者が去ったあと、スカベンジャー（腐肉食動物《ふにくしょく》）たちが現れて、残りものを食べる。スカベンジャーは、事故や病気で死んだものも含めてどんな死体でも食べる。彼らの役割は自然界ではきわめて重要だ。栄養分が土に戻る手助けをしているからだ。ハイエナやハゲワシなど大型のスカベンジャーは、捕食者が残した死体を引き裂いて食べる。その後、小型のスカベンジャーが現れて残りを引きつぎ、毛皮や皮膚《ひふ》や肉に喰《く》らいつき、潜《もぐ》り込みながら食べていく。最後には骨の破片しか残らない。

土の中の小さな生きものたち

土壌中には死体を食べる生きものが無数にいる。この生きものどうしで食ったり食われたりすることもある。ミミズやムカデなど、簡単に見つけられるものもいるが、ほかの多くは肉眼ではほとんど見えないほど小さい。写真のトビムシはデトリタス（有機物の小さなくず）を食べて生きている。ほとんどのトビムシは5mmにも満たないが、数のうえでは動物のなかで1、2を争うほどたくさんいる。

屈強なミミヒダハゲワシは、翼を広げると3mになる

死体に群がるものたち

日が昇って大気が温まるやいなや、ハゲワシは空を飛んで食物を探す。ハゲワシは視力がよく、食物を見つけると即座に降りていく。この写真は、ハゲワシがライオンの残した獲物に群がっているところだ。死体の上に登っているのはミミヒダハゲワシで、名前のとおり頭がはげているが、これは食事をするときに汚れにくいようになっているのだ。ミミヒダハゲワシが死体の背中の皮を引き裂くと、小型のハゲワシ類も死体内部にくちばしが届くようになる。

ふんを食べる

アフリカに生息するタマオシコガネの雄が、パートナーに見守られながら、大型哺乳類のふんをころがしてボール状にしている。直径5cmほどになったら、地中に埋めて子どものための貯蔵食糧にする。タマオシコガネは嗅覚《きゅうかく》が鋭く、自然界でもっとも効率的なリサイクラー（分解者）だ。タマオシコガネが仕事をするおかげで、サイやゾウの生み出したふんのかたまりも2～3日中には消えてしまうのだ。

硬い骨の奥に軟らかい
骨髄が入っている

骨の髄《ずい》まで

歯を除けば、骨は死体のなかでもっとも硬い部分だ。骨を見ても食欲はそそられないかもしれないが、骨の内部には、軟らかくて栄養分たっぷりの骨髄《こつずい》がつまっているのだ。ハイエナはとてつもなく強じんなあごで骨をかみ砕《くだ》き、皮膚やひづめなど、骨以外の部分と一緒に飲み込む。ハイエナのおなかでは強力な胃酸が骨を溶かすので、骨で消化管が傷つくことはない。また、ハイエナの胃酸には殺菌作用があるので、腐《くさ》った肉を食べて具合が悪くなる心配もない。

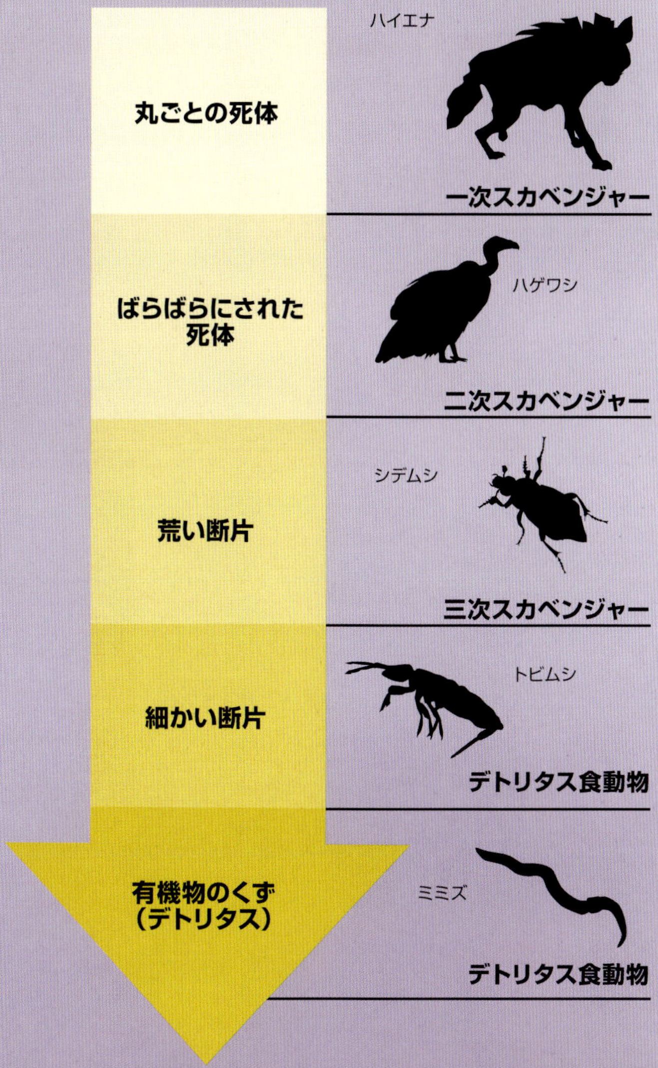
丸ごとの死体
ハイエナ
一次スカベンジャー
ばらばらにされた死体
ハゲワシ
二次スカベンジャー
荒い断片
シデムシ
三次スカベンジャー
細かい断片
トビムシ
デトリタス食動物
有機物のくず（デトリタス）
ミミズ
デトリタス食動物

死体の分解

スカベンジャーたちは、組み立て工場のラインを逆回しするように、死体を細かく分解して処理していく。まずハイエナなどの一次スカベンジャーが大きな部分を食べる。ラインの終わりに控えているのは、トビムシやミミズなどデトリタスを食べる動物で、土壌に混じる細かい粒子を食べる。それで話がおしまいというわけではない。デトリタスを食べたトビムシやミミズなどは排出物を出す。その排出物が微細な菌類やバクテリアに処理され、その結果、土壌は肥沃《ひよく》になり、植物が育ちやすくなるのだ。

コシジロハゲワシは
頭と首に短い羽毛が
生えている

水中のスカベンジャー

水中では死体はいずれは沈むので、ほとんどのスカベンジャーは、海底や濁《にご》った砂浜の堆積物の中に待機している。この岩には小さなクモヒトデがびっちりくっついている。クモヒトデは腕を何本か上に向けて食物を集める。上に挙げていない腕は体を固定している。腕は粘液《ねんえき》でおおわれていて、漂《ただよ》いながら落下してくる粒子をキャッチする。深海底では、クモヒトデは魚の死体を食べることが多い。腕をくねらせながら海底を進んで死体のにおいのする方向へ向かう。

狩るものと狩られるもの

90 単独で狩りをする◎ 94 力を合わせて狩りをする◎ 96 ワナをはったりだましたり◎ 98 血を吸って生きる
100 カムフラージュと擬態《ぎたい》◎ 104 針の一刺し、毒《どく》の一撃◎ 106 よろいやトゲで身を守る◎ 108 緊急避難《きんきゅうひなん》

単独で狩りをする

動物の世界にはいつも危険が潜《ひそ》んでいる。必ず近くに捕食者がいるからだ。群れで狩りをするものもいるが、たいていのハンターは、捕まえて殺すための特別製の武器を駆使《くし》して単独で獲物を狩る。ハンターたちは、獲物を走って追いかけたり、こっそりあとをつけたり、あるいはまったく逆をいって、音も立てずにじっと身を潜め、食物が手の届くところまでやってくるのを待ったりする。狩りの方法はさまざまだが、どのハンターもみな、電光石火《でんこうせっか》で反応する点は共通している。それこそが殺し屋として成功するためのカギである。

森に潜む危険

コスタリカの森で、毒の牙を突き立ててマウスを捕らえたマツゲハブ。この鮮やかな色をしたヘビは木の陰に潜んで、ネズミ類やトカゲ、アマガエルや鳥を待ち伏せする。その速さたるや、花の前でホバリング（停空飛翔《ていくうひしょう》）しているハチドリでさえ捕まえるほどだ。毒《どく》は強力で獲物はほんの数秒でまひするので、丸のみするのに苦労することはない。

毒の一撃でまひして牙にぶらさがるマウス

とどめのひと振り

泳いでいる若いアザラシは、ホホジロザメにとって絶好の獲物だ。サメは下から水面に急突進してものすごい力でアザラシに体当たりする。宙に飛ばされたアザラシは、サメの巨大なあごに捕らえられてしまう。サメの体は２色に色分けされているが、これは巧妙なカムフラージュだ。水中のサメは上からも下からもほとんど気がつかれないのだ。

前脚には内側に向いたトゲが生えていて、獲物を突き刺して固定する

忍耐強い殺し屋

カマキリは待ち伏せ型の殺し屋で、小枝や葉にまぎれて身を隠している。待機中には前脚《まえあし》をそろえてたたみ、頭をめぐらせて全方向を監視し、昆虫があたりを通らないか見張る。手の届く範囲に止まってくれればしめたもの、カマキリはそーっと身を乗り出して前脚で襲いかかる。左右の前脚の先端を同時にクッと曲げると、獲物はぎざぎざのナイフの刃のようなトゲにはさまれ、身動きできなくなる。すぐさまむしゃぶりつくカマキリ。獲物は生きていて、逃げようと必死にもがいている。

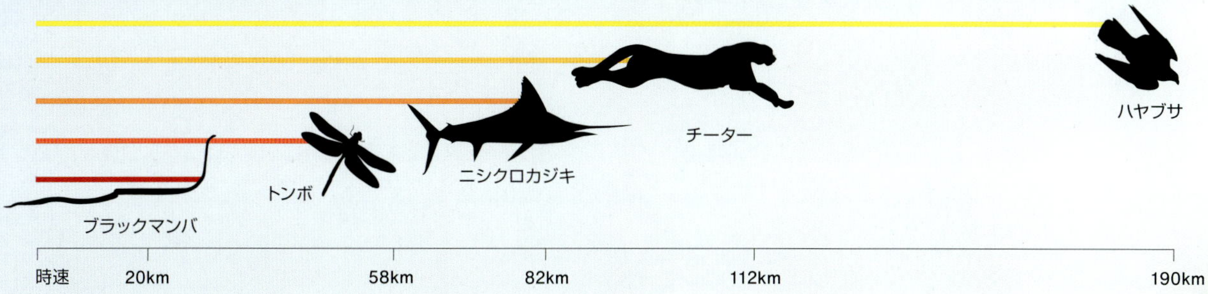
ハヤブサ
チーター
ニシクロカジキ
トンボ
ブラックマンバ
時速
20km
58km
82km
112km
190km

高速襲撃《しゅうげき》

開けた場所で捕食者が獲物を狩るには、スピードが必要だ。もっとも速いのはハヤブサで、空中で急降下してほかの鳥を襲《おそ》う。水中では、単独で狩りをするニシクロカジキが最速級の捕食者だ。陸上ではチーターがもっとも速い。

風切り羽根の
柔らかいふさ状になったふちが、
音を消す

音もなく急襲する

カラフトフクロウの翼を広げた姿は存在感たっぷりだが、狩りをするときにはほとんど音を立てない。このフクロウはヨーロッパ、北米、アジアの北方林に生息する。小型の齧歯類《げっしるい》（ネズミのなかま）にねらいをつけ、気がつかれずに木の上から急を襲う。冬は雪が積もるなかで狩りをする。聴覚《ちょうかく》はきわめて鋭い。獲物が雪の下にいても正確に位置を感知し、体重をかけて凍った雪の表面を砕《くだ》き、まんまと捕まえるのだ。

森の追跡者《ついせきしゃ》

ネコ科の動物の例にたがわず、ジャガーはこっそり忍び寄って狩りをする。木の陰に隠れながら、目と耳を駆使して獲物の動きを把握《はあく》し、あとをつける。ジャガーの体重は最大150kgで、シカやアリゲーターを殺すのに十分な力をもっているが、魚やカメ、鳥など、もっと小さいものも獲物にする。ネコ科に属する大型動物は、獲物ののどぶえにかみついて窒息《ちっそく》死させるのが普通だが、ジャガーは鋭い犬歯《けんし》で相手の頭骨《とうこつ》をかみ砕いて殺す。

派手な飛び込み

急降下して獲物を捕る海鳥は多いが、カワセミは淡水で狩りをする。清んだきれいな池や川の水辺にすみ、木の上から見張って魚を捕る。魚を見つけてすぐに飛び込むこともあるが、まずホバリング（停空飛翔《ていくうひしょう》）して魚の位置を見定めることもある。準備ができたカワセミは、くちばしを少し開いて水に飛び込み、次の瞬間《しゅんかん》、魚をくわえてもとの枝に戻ってくる。そして、魚を枝に数回たたきつけて頭から丸のみするのだ。

力を合わせて狩りをする

単独で狩りをする捕食者が獲物にできるのは、
自分の力でなんとかできる相手だけだ。
だが、同じ種のなかまたちと力を合わせて、
自分より何倍も大きな獲物を殺す動物もいる。
また、陸上でも水中でも見られることだが、
なかまと協力して獲物を包囲し、
首尾よく捕まえるものもいる。
共同の狩猟《しゅりょう》行動はグンタイアリからザトウクジラまで、
さまざまな動物で進化している。
一緒に狩りをするのは血縁者《けつえんしゃ》であることが多く、
一生同じグループにとどまって狩りをする場合が多い。

軍隊出動中

四方八方からグンタイアリに攻撃されるヒトリガ。逃げるチャンスはない。グンタイアリは巨大な集団で生活し、群れの個体数は2,000万匹を越えることもある。林床をなめるように大移動し、途中、出くわした小動物をみさかいなく襲って殺す。

ペリカンの計略《けいりゃく》

ペリカンは、水鳥では唯一、統制のとれた群れで協力して魚を捕る。写真は、オーストラリアに生息するペリカンが魚の群れにねらいを定め、翼《つばさ》で水面をたたいて魚を浅瀬に追い込んだところだ。浅瀬まで来たペリカンたちは、分け前を確保しようとして、大きなふくろのついたくちばしで争って魚をすくい上げる。

泡で作った網《あみ》

（バブルネットフィーディング）

ザトウクジラのえさは魚や小エビだが、このクジラは獲物を追い込むのに独特の方法を取る。数頭が一緒になって、魚の群れのまわりを大きな円を描くように泳ぎ、1頭あるいは複数が水中で息を吐《は》いて気泡《きほう》で壁をつくるのだ。魚は泡に惑わされてワナの中央に追い込まれていく。クジラは少しずつ気泡の網（バブルネット）を狭めていき、最後は魚群のなかを下から突っ切って大きな口いっぱいにごちそうを飲み込むという寸法だ。

群れで襲撃

リカオンはパックと呼ばれる群れをつくって生活し、大きさが自分たちの5倍はあるヌーを狩る。獲物が力尽《つ》きるまで追い続け、統制のとれた攻撃作戦で倒すのだ。1匹がヌーの後肢や尾にかみつくのが攻撃開始の合図だ。リカオンはたいへん優秀なハンターで、攻撃の成功率は4分の3以上にもなる。

防御のために
身を寄せ合う魚の群れ

水中包囲網

ハセイルカの集団（ポッド）に追いやられた魚の群れが、本能的に身を寄せ合って、渦巻く大きな固まり（ベイトボール）になっている。イルカたちはベイトボールの周縁部《しゅうえんぶ》を高速で泳ぎ、順番にベイトボールの中心に飛び込んで、すべりやすい魚をとがった歯でしっかりくわえ取る。イルカはホイッスル音（口笛のような長めの音）やクリック音（短いパルス状の音）を使った複雑な言語でコミュニケーションを取り合うが、協力して攻撃するときにもこれが役に立つ。

チンパンジーの待ち伏せ猟《りょう》

チンパンジーは、木の葉や果実から鳥の卵やヒナなど、ほとんどどんな種類のものも食べる。獲物にするのはたいてい小さな動物だが、アフリカの地域によっては、コロブスというサルを協力して追い立て、木の上に追いつめることもある。コロブスのほうがチンパンジーよりも木登りがうまいのだが、チンパンジーの狩猟隊《しゅりょうたい》は待ち伏せをして裏をかく。何頭かのチンパンジーが木の上に隠れて待ち構えるのだ。口火を切る役のチンパンジーが獲物を驚かすと、待ち伏せ作戦の始まりだ。獲物のサルは木々のあいだをぬって逃げようとするが、両側に妨害役のチンパンジーがいて、思うほうへは逃げられない。チンパンジーたちは協力して待ち伏せ役のいるほうへ獲物を追いやり、待ち構えていた待ち伏せ役が最後にサルを殺す。

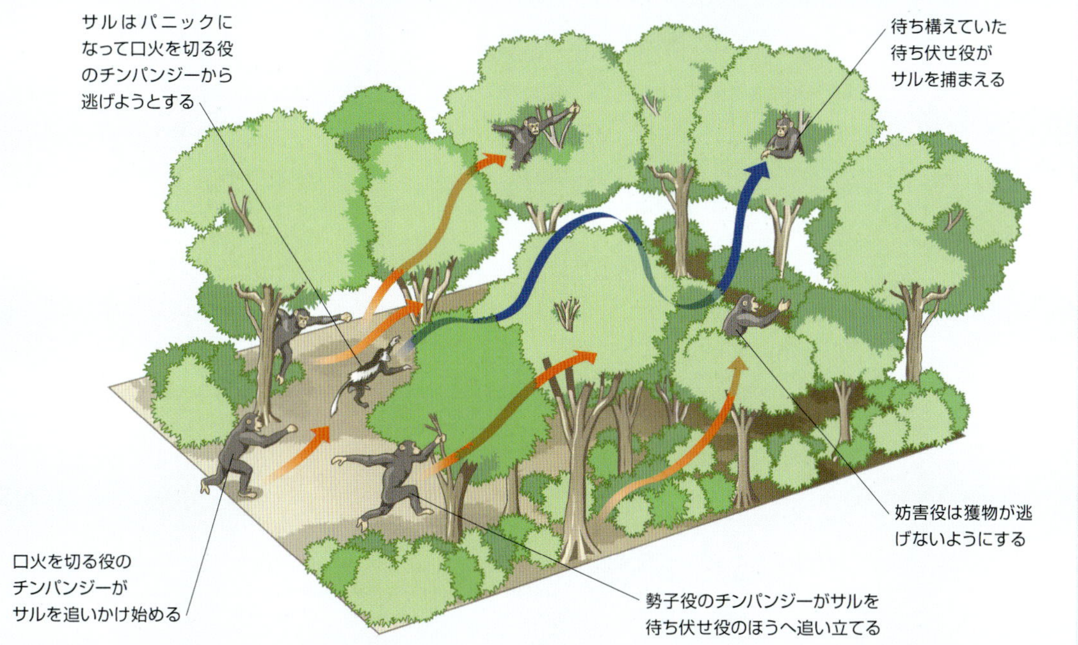
サルはパニックになって口火を切る役のチンパンジーから逃げようとする
待ち構えていた待ち伏せ役がサルを捕まえる
妨害役は獲物が逃げないようにする
口火を切る役のチンパンジーがサルを追いかけ始める
勢子役のチンパンジーがサルを待ち伏せ役のほうへ追い立てる

パカッと大きく開く口で、自分の半分ぐらいの大きさの獲物をのみ込む
ヒゲの発光器は安定して光り、獲物を引き寄せる

ワナをはったり だましたり

動物の世界には高度に特殊化したハンターがいて、獲物を追いかけるかわりに、
ワナをはって捕まえる。ワナをはる動物は、土の中から深海まであらゆるところに見られる。
クモ類やアリジゴクは自分でつくった網《あみ》や穴を利用するが、
体の一部をルアーのように用いるハンターもいる。
獲物は疑いもせず、ハンターのあごまで来てくれるのだ。
えさを使って手の届くところまで獲物をおびきよせるものもいる。

死を呼ぶ光

日光の届かない暗黒の世界である深海には、発光するルアー（疑似餌《ぎじえ》）を垂らして狩りをする捕食者がたくさんいる。ヘビトカゲギスのあごには、発光器を仕込んだヒゲがぶら下がっている。光るヒゲに誘われて、小魚が口元までやってくるという寸法だ。深海魚のなかには発光バクテリアを利用しているものもいるが、ヘビトカゲギスはルシフェリンという化学物質を用いて自力で発光している。獲物にも発光しているものが多いので、ヘビトカゲギスの腹には光をもらさないような内張りがしてある。ほかの捕食者がヘビトカゲギスの飲み込んだ獲物めがけて突っ込んでこないようにするためだ。

死への扉

網をはるクモとは違い、トタテグモは地面で獲物を待ち伏せする。地面に穴を掘って、クモの糸と土の粒でドアをつくるのだ。ドアは蝶番式《ちょうつがいしき》に開閉できるようになっている。できあがった穴の中、入り口付近に控《ひか》えたクモは、ドアをちょっとだけ開けておく。昆虫が通りかかると、その震動《しんどう》を感じ取ったクモは即座に反応する。瞬間《しゅんかん》的にドアを開いて獲物を捕まえ、穴の中に引きずり込む。ドアをぴったり閉めたら食事の時間だ。

えさで魚をおびき寄せる

魚を食べる鳥は多いが、えさを使って魚を捕まえる鳥となれば、かなり珍しい。アメリカササゴイはその数少ない鳥の1種だ。ササゴイは小枝や羽毛、昆虫、そのほか小さなものを水面にまき、近寄ってきた魚を捕まえる。ササゴイのこの行動で注目すべきなのは、これが学習によるものらしいということだ。個体によっては、この特殊な狩りのテクニックをまったく使えないものもいる。

体の一部でおびき寄せる

メキシコクマドリマムシの幼体には、ミミズのような尾の先端に明るい色の部分がある。このマムシはとぐろを巻いて、頭上に尾の先端をかかげる。これをルアー（疑似餌）として小刻《こきざ》みに動かし、獲物を誘惑する。餌食になるのは鳥だ。黄色い尾がうごめくさまに完全に気を取られ、すぐ下にあるヘビの本体に気がつかないのだ。尾以外のヘビの体は森の地面に溶け込むようにカムフラージュされている。

ジェット噴流ではたかれた昆虫は、テッポウウオのところまで落ちてくる

はまったが最後、はいあがるのは難しい

温暖な気候の地域では、砂地のあちこちに小さなすりばち状のくぼみが見られることがある。アリジゴクの掘ったワナだ。アリジゴクは、ウスバカゲロウという繊細《せんさい》で長い翅《はね》をもつ昆虫の幼虫である。アリジゴクはワナの底に身を埋めて餌食《えじき》が通りかかるのを待ち、ワナのふちを歩く昆虫がいたら下から砂粒を投げつける。足をすべらせた獲物は、アリジゴクの大きく開いた口に向かってころげ落ちてくる。

ワナの大きさは最大で直径2.5cm

急な坂になった砂はいったん落ちたら登れない

アリジゴクは獲物を突き刺して体液を吸い取る

殺しの一撃

テッポウウオはマングローブ沼沢地の浅瀬を泳ぎまわり、水の外の獲物を撃ち落とす。水面に張り出した葉に止まる昆虫を見つけると、テッポウウオは口の中にある溝《みぞ》（射水溝《しゃすいこう》）に舌を押しつけ、エラぶたをピッと閉じる。すると水が口から勢いよく噴出《ふんしゅつ》し、昆虫はたたき落とされる。水の中から外を見ると、光の屈折によって実際の位置とはズレたところに獲物がいるように見えるのだが、テッポウウオはこのズレを補正してねらい、2m離れた標的でも命中させる。

エラぶたを急激に閉じて水鉄砲のように水を射出する

血を吸って生きる

血液は多くの動物にとって理想的な食物だ。あらゆる種類の栄養分が豊富に含まれ、消化もしやすい。地球でもっとも数の多い昆虫のなかには血をえさとするものがいる。特に繁殖期《はんしょくき》に血を吸うものが多い。吸血《きゅうけつ》動物のほとんどは、特別な口器で獲物の皮膚《ひふ》を突き刺したり皮膚に傷をつけたりする。吸血中に血液が固まらないような物質をつくり出すものも多い。カやチスイコウモリなど、腹一杯になったら獲物から離れるものもいるが、ずっとその場に留まり寄生虫として生活するものもいる。ノミ、ダニ、シラミなどがそうだ。いずれもしぶとく、そう簡単に立ちのいてくれない。

ぴょんと跳《と》んで搭乗《とうじょう》

ノミは翅《はね》のない昆虫で、哺乳類《ほにゅうるい》や鳥類の体の表面で生活し、宿主（寄生虫がとりつく相手）の血を吸っている。この小さな寄生虫は体長わずか 1～8mmしかないが、30cm以上跳躍《ちょうやく》して宿主から宿主へと跳び移ることができる。跳び乗ったら毛や羽毛のあいだに急いで入りこみ、しっかりしがみついて安全を確保する。ノミの体には長い剛毛《ごうもう》が生えていて、体を固定するのに役立つ。

後脚のたくましい筋肉でジャンプする

顕微鏡で観察したネコノミ

こっそり突き刺す

人間の血を吸う雌《メス》のカ。食事もほとんど終わりに近い。カには先端の鋭い口器があって、それを極細の注射針のように使っている。人間だけではなく、いろいろな野生動物の血も吸うので、カの吸血行為により、死を招く感染症が広がることも多い。だが、血を吸うのは雌だけだ。雄《オス》は花の蜜《みつ》を吸って生きている。

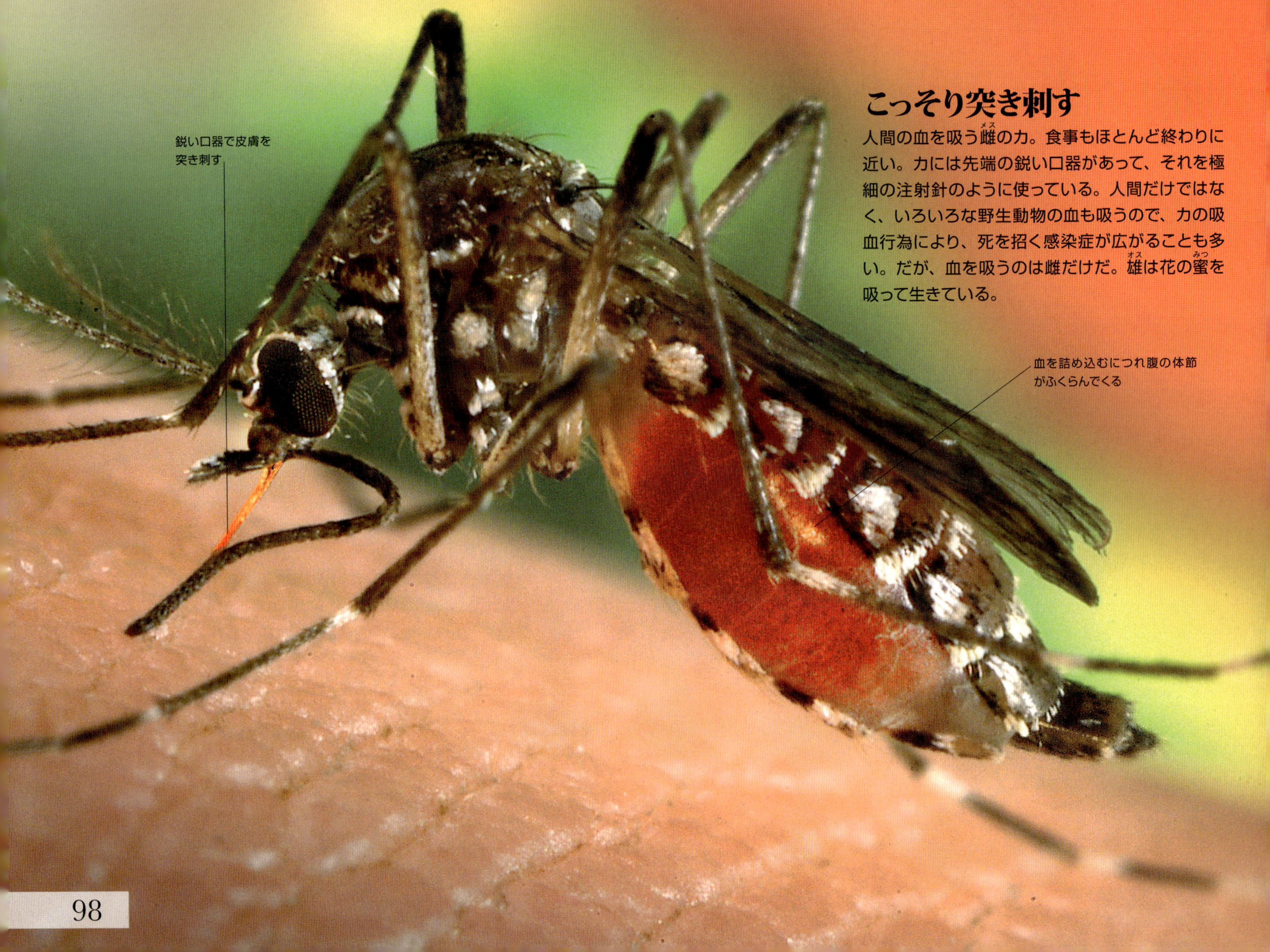
鋭い口器で皮膚を突き刺す
血を詰め込むにつれ腹の体節がふくらんでくる

かみついて血を吸う

ホラー映画のなかだけの話ではなく、吸血コウモリは実在する。メキシコや中央アメリカ、南アメリカに生息し哺乳類や鳥類の血を吸うチスイコウモリがそうだ。獲物の上に止まったチスイコウモリは、まず、カミソリのように鋭い切歯で皮膚にかみつく。そして、傷からにじみ出てくる血をなめて腹をふくらますのだ。

引っついて離れないヒル

カワカマスに招かれない乗客が取りついている。ウオビルだ。吸盤で宿主に吸いつき、血を吸っている。ウオビルは水底の砂利や砂にいて、草の茎のように身をまっすぐ上に伸ばし、魚が通りかかると素早く泳ぎ寄ってがっちりかみつく。

細いほうの先端が口で、
口のまわりには吸盤《きゅうばん》がある

ビフォー・アフター

雌のマダニの腹部は、血を吸うと風船のようにふくれる。おとなの雌が食事をするのは一生に一度だけで、その1回を終えるのに1週間かそれ以上かかる。体重は50倍にも増え、ぶどうの粒ぐらいの大きさになる。満腹《まんぷく》になったダニは地面に落ち、卵を産む。

吸血前のマダニ　吸血後のマダニ

等脚類《とうきゃくるい》の体は
体節でできている。
脚やカギ爪は
体節に隠れて見えない

1匹だけでもやっかいなのに

魚は自分でグルーミング（身づくろい）ができないので、吸血性の寄生虫にとっては格好のターゲットだ。この魚は2匹の等脚類《とうきゃくるい》に襲われている。等脚類は海にすむ甲殻類で、ワラジムシやダンゴムシに近縁な生きものだ。写真の等脚類はウオノエのなかまで、カギ爪で魚の頭部にしっかりしがみつき、エラのそば、肉の柔らかいところから血を吸っている。

フィンチは尾羽の根もとをつつき、
血が出るようにする

血に飢えた鳥

ガラパゴス諸島のハシボソガラパゴスフィンチは、鳥にしては珍しい食性をもつ。生きた動物の血を飲むのだ。カツオドリなど大型の海鳥を襲《おそ》い、背中に止まって血を飲む。この行動から「バンパイアフィンチ」というニックネームがつけられているが、主食は昆虫や種子である。

カムフラージュと擬態

捕食者にとっても獲物にされるものにとっても、カムフラージュは生きる闘いにおいて命を左右する武器となる。ハンターはカムフラージュによって食物のすぐそばまで接近できるが、獲物のほうもカムフラージュで見つかりにくくなっている。カムフラージュは周囲に溶け込むもので、多くの動物が作戦として採用している。それとは別に擬態《ぎたい》という作戦もある。危険な動物や食べられないものに自らを似せて敵をだますのだ。カムフラージュや擬態を駆使《くし》した防御《ぼうぎょ》方法の最先端をいくのは、何といっても昆虫だ。小枝や葉、花などのふりをする昆虫は多く、また、毒や危険な針をもつ生きもののふりをする昆虫もいる。

スズメバチの黄色と茶色の模様は、攻撃したら危険だぞ、という警告だ

スカシバはスズメバチの模様に擬態している

他人のそら似

スカシバはガのなかまだが、しろうと目にはスズメバチと見分けがつきにくい。どちらも黄色と茶色の縞《しま》模様で、長い透明な翅《はね》をもち、同じようなブーンという音を立てて飛ぶ。だが、恐ろしく見えたとしても、スカシバには害はない。本物のスズメバチのように針をもっているわけではないのだ。このタイプの擬態はたいへん効果的な防衛方法で、さまざまな昆虫で進化してきた。小さなクモにも、針で刺すアリに擬態するものがいる。

冬のホッキョクギツネ

夏のホッキョクギツネ

衣替え

北極地方の特に冬、一面の雪景色の中では暗い色は目立ってしかたがない。北極地方にすむ哺乳類《ほにゅうるい》はたいていそうだが、ほとんどのホッキョクギツネは、秋になると茶色の夏毛から白く分厚い冬毛に着替える。一年中カムフラージュしているわけだ。ホッキョクギツネの体色変化は、日長の変化がひきがねとなって起こる。血中のホルモン濃度が変化することで、新しいカムフラージュ用の毛に生え替わるのだ。

溶け込む色

カメレオンは皮膚《ひふ》の色を急速に変化させ、獲物に見つからないようにする。また、ほかの個体と出会うと体色を変えて信号を送り合う。こんな芸当を可能にしているのは、皮膚にある色素胞《しきそほう》という特別な細胞だ。色素胞のなかには色素の粒が含まれていて、それが拡散したり凝集《ぎょうしゅう》したりする。色素胞には何種類かあり、細胞自体の大きさが変化するものもある。皮膚のなかで層をなす色素胞がいっせいに反応し、光の反射を変えることで、即座にさまざまな色に変化することができるのだ。この体色変化は神経系でコントロールされている。周囲に溶け込むように色を変えるほか、カメレオンの気分によっても色が変わる。

ドレスアップ

カニのなかには、こうらに生きものをくっつけて身を隠すものがいる。写真のカニは、熱帯産のイソコンペイトウガニという。柔らかいサンゴ（コーラル）をこうらにはり付けカムフラージュに使うので、英語ではソフトコーラルクラブと呼ばれる。サンゴは、カニの外骨格《がいこっかく》に生えている小さなトゲにしっかり固定されて成長し、生きた変装用ドレスになってくれる。ただし、カムフラージュ作戦を取るほかの動物とは違って、カニは脱皮《だっぴ》するたびにいちから変装し直さなければならない。時間とエネルギーを節約するために、このカニは脱皮殻からカムフラージュをとりはずし、新しい外骨格の上に慎重にくっつけなおす。

カニのこうらの模様はこうらをおおうサンゴに溶け込む

変装する昆虫たち

地球に生息する昆虫のうち、10分の9以上は植物の上で生活している。昆虫は捕食者にとって大量の食物源だ。昆虫たちは食べられないために、そして食べるために、驚くほどさまざまな変装方法を進化させてきた。まぢかで捕食者が見ても気がつかれないほどのできばえだ。植物の上で生活している昆虫の大部分は、身を隠すために暗くなってから食物を食べに出かけていく。

葉っぱそっくり
平べったい体に緑色の模様が散らばるコノハムシ。本物の葉とほとんど見分けがつかない。ゆっくり左右に揺れ動くさまは、まさに葉が風に吹かれているようだ。

いつわりの花
暖かい地域で咲きほこる色鮮やかな花々。そこにはハナカマキリがこっそりとまぎれこんでいる。ほかの昆虫がやってくるのを待っているのだ。体は白か明るい模様で、脚は花びらのように平たくなっている。

木の幹に溶け込む
ガが木の幹に止まると、その瞬間に姿を消すように見えるものだ。翅も体も木の幹と同じような模様なのだ。さらに、体を横切るはっきりした縞模様で、自分自身の輪郭《りんかく》を目立たないようにし、ますます見えにくくしている場合もある。

トゲのふり
ツノゼミの背中には曲がったトゲが生えていて、これがまさに植物のトゲに見える。もしもこの変装が見破られたとしても、トゲのせいでそう簡単には食べられない。

歩く小枝
シャクガの幼虫の尺取虫は、灰茶色の皮におおわれた小枝のように見える。色や模様が似ているだけではない。尺取虫は枝から上半身を離してじっと動かず、枝から生えた短い小枝そっくりになる。完璧《かんぺき》な変装だ。

消失マジック

枯葉《かれは》に擬態《ぎたい》して、捕食者から身を守る動物はたくさんいるが、なかでもこのエダハヘラオヤモリはぴかいちの変装名人だ。マダガスカルの森に生息し、木についたままの枯葉や、林床に落ちた枯葉にまぎれるとどこにいるのかまったくわからない。暗い体色には葉脈のような模様があり、葉のかたちをした尾には、イモムシに喰われたようにぎざぎざになったところがある。活動するのは夜で、昆虫を食べる。日中はじっと動かずにいて、魔法のように存在を消している。

針の一刺し、毒の一撃

ガラガラヘビが狩りをするとき、獲物を力で押さえ込む必要はない。
牙《キバ》を突き立て、致死性《ちしせい》の毒《どく》が効くのを待つだけだ。毒を用いれば
獲物に反撃される恐れもなく、効率的かつ安全に狩りができる。
かみついて毒を注入する動物の代表例はヘビだが、
毒針をもつ動物は数のうえではヘビを圧倒する。
もっとも強力な毒をつくるのはヤドクガエルだが、
これは狩りのためのものではなく、究極《きゅうきょく》の自己防衛手段である。

毒腺
空気を吸い込んでふくらみ、
体をかしげて自分を大きく見せる

撃退《げきたい》

ヘビに襲われそうになったオオヒキガエルは、逃げるどころかその場から一歩もひかず、体をふくらませて大きく見せようとする。目のうしろには毒腺《どくせん》があって、皮膚《ひふ》の上に毒液を分泌《ぶんぴつ》する。この毒液のおかげでたいていの捕食者から身を守ることができるが、毒が効かないヘビもいる。オオヒキガエルの原産地は中南米の熱帯地方だが、天敵のいないオーストラリアでは、個体数の増加が深刻な問題となっている。

ベッコウバチの針は
使わないときは腹部に引っ込んでいる

殺しの巻貝

海にいる巻貝は動きが遅く、えさを食べるのもゆっくりしたものだ。ところが、イモガイは猛毒で獲物をまひさせ、この肉体的な制約を打開している。モリのような歯舌歯《しぜつし》で、通りかかる魚やそのほかの動物を刺して毒液を注入する。写真のイモガイはイソギンポを捕まえたところで、吻鞘《ふんしょう》（口付近の筒状になった部分）で獲物をたぐりよせようとしている。

毒針発射装置つきの細胞

クラゲやクラゲに近縁《きんえん》な動物は長く伸びる触手をもっているが、触手《しょくしゅ》には、毒針発射装置つきの細胞（刺胞《しほう》）がずらっと並んでいる。刺胞の内部には、先端に毒をしこんだ糸がぐるぐる巻きに入っている。細胞の外側には刺針が1本突き出ていて、これがひきがねとして働く。獲物が引き金に触《さわ》ると、刺糸が発射されて突き刺さる。刺胞は使い捨てで、発射後は新しい刺胞が補充される。

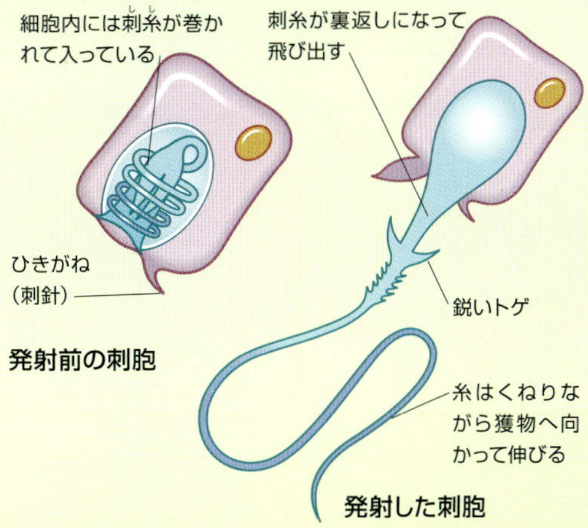
細胞内には刺糸《しし》が巻かれて入っている
ひきがね（刺針）
発射前の刺胞
刺糸が裏返しになって飛び出す
鋭いトゲ
糸はくねりながら獲物へ向かって伸びる
発射した刺胞

たなびく死のフリル

カツオノエボシにはガスのつまった気泡体《きほうたい》があり、最長6mほどの触手が何本もたれ下がっている。1本の触手には数千個の刺胞がセットされていて、獲物に触れると発射する。刺した獲物は触手でたぐりよせる。

死を呼ぶ皮膚

中南米の森にすむヤドクガエル。鮮やかな色彩は捕食者に対する警告だ。自分はとんでもなく危険な奴《やつ》だとアピールしているのだ。ヤドクガエルには皮膚に毒腺があり、動物の世界で最強のバトラコトキシンなどの毒を分泌する。アマゾンの森にすむインディオは、古来、この毒を狩りに利用している。吹き矢の先端に塗ったわずか1gの毒で、サルやナマケモノを殺すには十分だ。

折りたたみ式のキバ

ヘビのキバは獲物に毒を注入するように特殊化した歯である。キバが固定されているヘビも多いが、ガラガラヘビや近縁のグループのヘビでは、キバは折りたたみ式で、かみつくときに前方へ振り出される。ヘビ毒の作用のしかたはいろいろだ。神経系に作用して心臓拍動《はくどう》や呼吸を止め、筋肉をまひさせるような毒もある。ガラガラヘビの毒は血液を凝固《ぎょうこ》させて血液循環《じゅんかん》を止める作用がある。また、ヘビは毒を必ずしも注入するとは限らない。ドクハキコブラは、攻撃されると相手の目をめがけて毒液を吐き飛ばして身を守る。

生かさず殺さず、まひさせる

ベッコウバチの雌は、クモを刺したあと、掘っておいた穴までひきずって行く。クモは死んだわけではなくハチの毒でまひしていて、ハチのなすがままだ。穴の中にクモを引き込んだベッコウバチは、クモの上に卵を産みつける。その後、卵から生まれたハチの幼虫は生きたクモを食べて成長する。

管状になった牙《キバ》で毒液を注入

よろいやトゲで身を守る

突発的な危機に遭遇《そうぐう》したとき、その場から離れてスピードをたよりに安全なところまで逃げていく動物は多い。だが、なかには特製の防御《ぼうぎょ》装置をもっていて、急な攻撃《こうげき》をかわしたり空腹の捕食者から身を守ったりするものもいる。たとえばアルマジロは、骨のように硬《かた》い板でできたよろいを身にまとっている。
ほかにも、こうらや鋭いトゲ、針など、いろいろな防御方法がある。角《つの》や枝角《えだづの》も捕食者を撃退するのに役立つが、角や枝角のおもな用途は防御ではない。繁殖期《はんしょくき》に雄《オス》がライバルと儀式《ぎしき》的な闘《たたか》いをするときに使われるのだ。

よろいのボール

アルマジロは、骨のように硬い板が組み合わさってできた防御用のよろいを身にまとっている。背中と頭、四肢や尾の一部がよろいで守られている。襲われると、アルマジロの多くは走って逃げたり穴を掘って隠れたりするが、ミツオビアルマジロは逃げ出さない。可動性のよろいをくるっと丸め、難攻不落《なんこうふらく》のボールになるのだ。

トゲや針で身を守る

トゲや針のある動物は、捕食者にとってかなり食べにくい。トゲをいつも立てている動物も多くいるが、危険に襲《おそ》われたときだけトゲを立てて防御するものもいる。

トゲになったうろこ
オーストラリアの砂漠にすむモロクトカゲは、ウロコが鋭いトゲになっている。身を守るトゲをもつだけではなく、模様がカムフラージュになって砂の上では見つかりにくくしている。

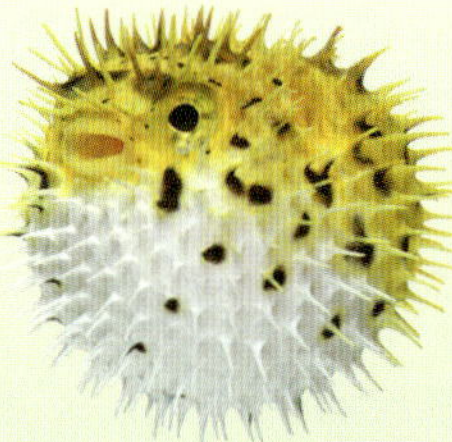

ふくれて立てるトゲ
ハリセンボンは海水を飲み込んで体をボールのようにふくらませ、トゲを立てる。体がしぼむとトゲは寝て、ふだんの状態に戻る。

全身をトゲでおおう
ウニのトゲは炭酸カルシウムでできている。ウニの殻の表面には、小さなこぶのような盛り上がりが多数あって、トゲはその上にのっている。ウニのトゲは簡単に折れて捕食者の皮膚に刺さる。

針になった体毛
ハリネズミの針は、極太で先端がとがった体毛だ。危険にさらされると、ハリネズミは針を立ててきゅっと丸くなり、針の生えたボールのようになる。

装甲板で体をおおう

分厚いよろいのような皮膚をまとったインドサイは、生きた戦車だ。おしりのあたりと後肢の皮膚は小さな突起で強化されていて、まるで鋲《びょう》が打ってあるかのようだ。この装甲服のおかげで、おとなのサイには天敵はいない。だが角を狙う密猟者《みつりょうしゃ》に多くのサイが殺されている。

もち歩ける防御装置

ガラパゴス諸島のゾウガメは重さ300㎏ぐらいになる。このゾウガメは、陸上の動物のうちでもっとも大きくかつ重い防御装置を背負っている。ほかのカメと同じく、ふ化したときはこうらが柔らかい。こうらを構成する骨板がまだ融合《ゆうごう》していないからだ。成長するにつれて骨板がしだいに融合し、ドーム型のとてつもなくがんじょうなこうらが完成する。たいていのカメは、危険を避けるために頭と四肢をこうらの中にまっすぐ引っ込めるが、首の長いカメは、首を引っ込めずに横に曲げてこうらの中におさめる。

危険を感じて立ち止まったミツオビアルマジロ　頭を引っ込めて四肢をたたむ　胴体をぐっと曲げる　ウロコでおおわれたボールのできあがり

胸ビレ

箱入り

ハコフグの体は丈夫なウロコで守られていて、ウロコの内側は平たい骨板が支えている。よろいのようなウロコと骨板が組み合わさり、かっちりした箱のような体をつくっているのだ。箱には何カ所か穴が開いていて、そこからヒレが生えている。ハコフグは体を曲げられないので泳ぎはへたくそだ。左右一対ある胸ビレをオールとして使い、超高速ではためかすように動かして前に進む。

頭骨《とうこつ》にある骨の突起に角質化《かくしつか》した皮膚がかぶさって、角ができている
円すい形の角の内部は中空で、軽さと強度が両立している

真っ向勝負

繁殖期も最高潮になると、ゲムズボック（オリックス）の雄は交尾の機会をめぐって2頭で闘う。角は長さ 80cm 以上、先端は鋭くとがって危険きわまりない。だが、闘うときには角を上に向けた姿勢を保ち、ひどいけがはしないですむのが普通だ。シカの枝角とは異なり、ゲムズボックなどアンテロープ類の角は抜け落ちることはなく、毎年成長する。この角は骨の突起を丈夫なタンパク質がおおったものだ。これに対しシカの角は全体が骨でできていて、毎年脱落しては前より大きなものが生えてくる。

こうらは捕食者や悪天候から柔らかい体を守ってくれる
骨板が組み合わさり、その表面を大きなウロコ（甲板）がおおって、こうらができている

緊急避難《きんきゅうひなん》

危機に瀕《ひん》したときは、意表を突く逃走テクニックを駆使《くし》できるかどうかが生死を分けるかもしれない。ホカケトカゲは木の枝から身をおどらせて川の水の上を走る。甲虫《こうちゅう》のなかには脚を引っ込めて坂をころげ落ちるものがいる。もっとすごいことをする動物もたくさんいる。体の一部を犠牲《ぎせい》にしてしまうのだ。また、単に死んだふりをするものも、多くはないが存在する。このような危機回避《ききかいひ》作戦は、捕食者に対する最後の手段だが、相手の驚きに乗じて功《こう》を奏《そう》することも多い。

頭の下部にある漏斗《ろうと》から墨を煙幕のように吹き出す

雲がくれ

危険におびやかされたタコには、水流とともに墨《すみ》を吹き出すという作戦がある。襲撃者《しゅうげきしゃ》が黒い雲に注意をそらされたり煙幕《えんまく》に包まれたりしているうちに、タコはさっさと逃げていく。タコの墨は消化系につながる墨汁《ぼくじゅう》のうというふくろでつくられる。タコ墨には濃縮されたメラニンが含まれている。多くの動物の皮膚《ひふ》や毛皮にある色素と同じ物質だ。

死んだふり

攻撃から逃れるために、キタオポッサムは横ざまに倒れる。目も口も半開きで、まさに突然死んだように見える。そんな小細工は自殺行為ではないかと思いきや、これがうまくいくのだ。ほとんどの捕食者は生きた獲物を食べ、死んだ動物には手を出さないからだ。ハンターが興味を失って行ってしまったら、オポッサムは慎重に息を吹き返す。

インドネシアのホカケトカゲ

見張り当番

ミーアキャットは交代で見張りをする。尾で体を支えて直立し、捕食者が来ないかどうか目を配るのだ。群れのほかのメンバーは休んだり遊んだりしている。もしワシやタカがやってきたら緊急事態発生だ。捕食者を発見すると、見張りは特有の警戒警報を発する。それを聴くとみな、素早く穴の中へ隠れる。

水の上を走る

大きな後足で水をけたてながら、危険から逃げて川の上を走るホカケトカゲ。この逃走テクニックは若いころのほうがうまくいく。若いホカケトカゲは体が小さくて軽く、水の上を少なくとも5mは走れるのだ。だがおとなは動きが鈍くてすぐに沈みだすので、作戦変更して泳いで逃げなければならない。

足を後ろ向きにけりあげる

おとり作戦

チドリは地面に巣をつくるが、地上は危険でいっぱいだ。捕食者が巣の近くに現れると、親鳥はヒナを守るために、はぐらかしのディスプレイをして見せる。羽根が折れたふりをしてばたばたしながら巣から離れ、捕食者を自分に引きつけるのだ。安全な距離まで捕食者を引っぱってきたら、空を飛んでヒナのところへ戻る。

なくした部分が再生してくる

緊急事態に際し、腕や肢《あし》、尾を切り落とす動物はたくさんいる。そうすれば本体は逃げ出せるのだ。失った部分が永久に生えてこないものもいるが、たいていの場合は、なくした部分は時間をかけてまた生えてくる。これを再生と呼ぶ。

尾が自切したあと

尾の自切《じせつ》
アリゲータートカゲの尾は簡単に切れてばっさり落ちてしまう。これを自切という。あとから新しい尾が再生してくるが、新しい部分には硬い骨はなく軟骨が支えになっている。

新しいカギ爪

爪《つめ》
ロブスターは爪を失っても、新しい爪がゆっくり生えてくる。脱皮のたびに新しい部分は少しずつ大きくなっていく。

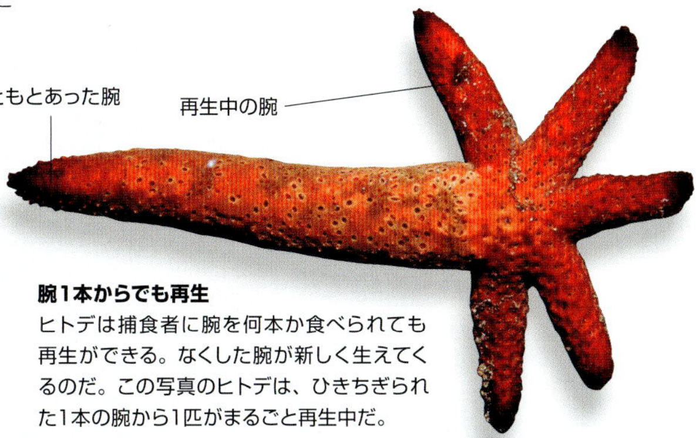
もともとあった腕
再生中の腕

腕1本からでも再生
ヒトデは捕食者に腕を何本か食べられても再生ができる。なくした腕が新しく生えてくるのだ。この写真のヒトデは、ひきちぎられた1本の腕から1匹がまるごと再生中だ。

感覚

視覚

動物は感覚を駆使《くし》して、危険を避けたり
食物や繁殖《はんしょく》のパートナーを見つけたりする。
何かを探すとき、触覚《しょっかく》や味覚《みかく》、嗅覚《きゅうかく》が
たよりになることもあるが、捕食者の場合は、
視覚がもっとも重要な感覚であることが多い。
針の先ぐらいの極小の目をもつ動物もいるし、
直径 50cm 以上の巨大な目を備えるものもいる。
世界を白黒で見ているものもいるが、
多くの動物は色を感知できる。
人間と同じ色を見ているものもいる。
目で受けとった情報はすべて神経を通じて脳へ
送られる。脳内で信号が処理されて視覚が生じる。

全方位見落としなし

トンボは視覚にたよって狩りをする。空を飛んでほかの昆虫を追いかけるのだが、よく動く首と大きくでっぱった目のおかげで、飛行中にはほぼ全方向が見えている。トンボを含め節足《せっそく》動物のほとんどは複眼をもっている。複眼のできかたは、哺乳類《ほにゅうるい》を含む脊椎《せきつい》動物の目とはまったく異なっている。トンボには複眼のほかに小さな単眼が3つあり、あたりの明るさを感じている。

複眼《ふくがん》

節足動物の複眼は、個眼が多数集まったものだ。個眼はそれぞれ、視野のごく一部を担当するだけで、多数の個眼からの情報が脳で統合され、モザイク画のような全体像ができる。トンボの複眼には両方で3万個もの個眼があり、解像度は抜群《ばつぐん》だ。複眼は動きの感知にすぐれている。何か動くものが通過していくと、個眼《こがん》がやつぎばやに興奮していくからだ。

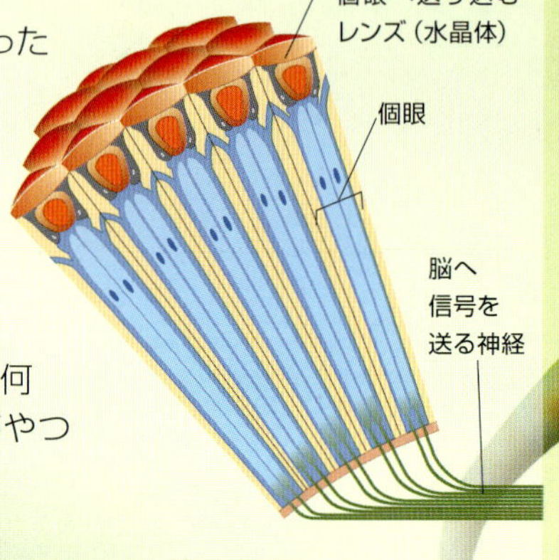
光を屈折させて
個眼へ送り込む
レンズ（水晶体）
個眼
脳へ
信号を
送る神経

跳《と》ぶ前に見ろ！

小さな昆虫を襲《おそ》うハエトリグモは、4対の目を使って獲物を見つける。頭の横についた2対の目は、食物の存在を示すどんな動きも見逃さない。何か動きを感知したら体をそちらに向け、顔の中央にある特別に大きな1対の目で、しっかり焦点を合わせて見る。この目はかなり細かく見ることができる。そして顔の外側寄りにあるやや小さな1対の目で距離を測り、突如として獲物に跳びかかる。

クモの目のレンズは、外骨格《がいこっかく》に固定されていて動かないが、
中央の1対の目では奥の網膜《もうまく》が自在に動き、
つねに獲物に照準を合わせている
横向きについた目で
最初に獲物を発見することが多い
顔の外側よりにある1対の目は、
中央の目よりも左右の間隔が大きく、
距離を測りやすい

夜でも見える

夜、ライトでライオンを照らすと目が光っているように見える。夜行性の哺《ほ》乳《にゅう》類《るい》やクロコダイル、サメなどに共通して見られる現象だ。目が光るのは、目の奥にあるタペータムという層が網《もう》膜《まく》に入ってきた光を反射するためである。このしくみのおかげで暗闇でもものが見える。また、暗闇のなかでは網膜の細胞中の化学物質が変化して、かすかな光に対する感度が上昇する。

カメラのようにものを見る

枝にしがみついたメガネザル。大きな目で自分のすみかである熱帯多雨林を見渡している。メガネザルをはじめ、脊椎動物の目はカメラと同じようなしくみだ。光は網膜（スクリーンにあたる）に投影され、そこには光を感知する細胞が並んでいる。昼間は明るい光がまぶしくないように瞳が縮んでいる。夜間、狩りをするときは瞳が大きく開いて光をできるかぎり取り入れる。

昼間の光を受けて縮んだ瞳

抜け目ないまなざし

捕食者の目はたいてい顔の前面にある。左右の目で見ることで距離が測れるのだ。一方、植物食動物の目は頭の横にあることが多く、周囲全方向に目を配って危険を察知できるようになっている。この両方の利点を取り入れたのがカメレオンだ。カメレオンの目はふだん左右別々に回転してまわりを全部見ている。だが獲物を見つけると両方の目を前方へ向けて焦点を合わせる。

いずれも見事な目のいろいろ

無脊椎動物の目
イカの目には、哺乳類やほかの脊椎動物と同じようにレンズと網膜が備わっているが、瞳はW字型だ。

ワイパー付きでいつもきれい
アカメアマガエルには第3のまぶたがある。模様のあるこの膜は瞬膜《しゅんまく》と呼ばれ、ワイパーのように目の表面をきれいにする。

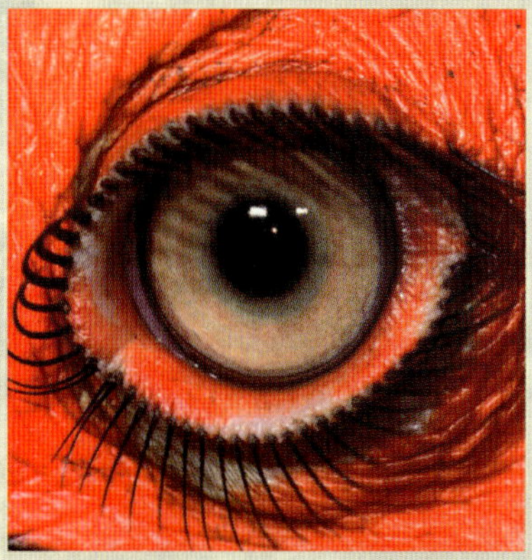

豊かなまつげ
ジサイチョウのまつげは太陽のまぶしい光をさえぎる。また、まつげに何かが触れると目を即座に閉じることもできる。

細いすきまから見る世界
トッケイヤモリの瞳は細いスリット状だ。虹彩の細かい模様にはカムフラージュ効果があって、目の存在をわかりにくくする。暗くなると、瞳は大きく開く。

目をつけられたら命が危ない

ごつごつした岩礁《がんしょう》のすきまに陣取るモンハナシャコ。獲物が来ないかと目を光らせている。モンハナシャコの目は、おそらく動物界でもっとも複雑だ。眼柄《がんぺい》の先についた目はまばたきせず、どんな動きも見逃さない。左右は別々に動かせるが、狙った獲物は両目で見つめる。モンハナシャコの目には色を感知する細胞が 12 種類もある。それに比べて人間の目にはわずか3種類しかない。モンハナシャコの目の中央を横切るバンド状の部分は高度に敏感で、かたちや奥行きを感じ取る。そこから得た情報をもとにねらいを定め、恐ろしいトゲの生えた前脚で、突如として獲物に襲《おそ》いかかる。

聴覚

生きものの世界にはおよそ沈黙というものはない。圧力の波が空気や水や地面を渡って伝わり、動物はそのエネルギーを振動として感じたり音として聴いたりする。昆虫の耳は触角《しょっかく》や脚にあるが、哺乳類《ほにゅうるい》やそのほかの脊椎《せきつい》動物では、音は頭の奥に導かれて処理される。感覚細胞が音の強さや高さ（ピッチ）に反応して興奮《こうふん》し、その興奮が神経を通じて脳に伝わって、脳が情報を処理した結果音が聞こえるのだ。多くの動物にとって、聴覚《ちょうかく》はコミュニケーションの基本的な手段である。また、捕食者が近づいているのを感知したり、獲物の正確な位置を探知《たんち》したりするのも聴覚だから、まさに命にかかわる感覚なのだ。

キンメフクロウの頭骨《とうこつ》

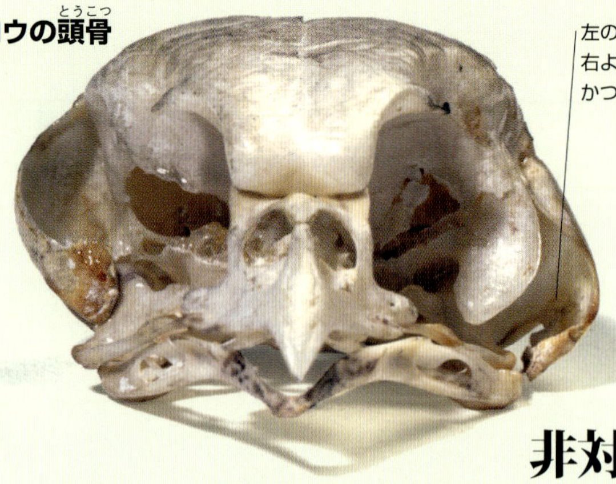
左の外耳孔は
右よりも小さめで、
かつ下に寄っている。

非対称の耳

ほとんどの鳥では、耳は頭をおおう羽毛に隠れている。だが聴覚が非常にすぐれている鳥は多い。フクロウでは、耳の周りにある羽毛は音を弱めるどころではなく、トンネルをつくって音を集め、耳に伝えている。哺乳類の耳殻《じがく》と同じような働きをしているのだ。キンメフクロウは耳だけで獲物の居場所をつきとめることができる。キンメフクロウの耳の穴（外耳孔《がいじこう》）は左右で位置がややずれていて、これが標的に狙いを定めるのに役立っている。

可聴周波数

音の高さ（ピッチ）はヘルツ（1秒あたりの振動数）で表される。人間は、年齢によって差はあるが、20 ～2万ヘルツの音を聞き取れる。ゾウは人間よりも低い音を聞き取れる。また、高すぎて人間には聞こえない超音波を聞き取る動物も多い。エコーロケーション（反響定位《はんきょうていい》）を利用して狩りをする動物には、超音波は特に重要だ。

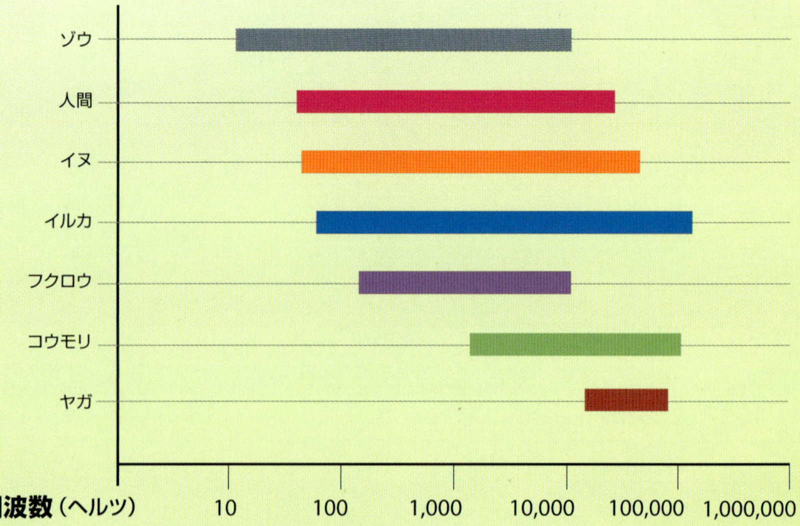
ゾウ
人間
イヌ
イルカ
フクロウ
コウモリ
ヤガ
周波数（ヘルツ）
10
100
1,000
10,000
100,000
1,000,000

こん棒型の触角
枝分かれした毛が、
空気を伝わってきた音波を拾う

ぶるぶる震えて音を聴く

昆虫の触角は多目的な感覚器官だ。ショウジョウバエの触角は空気の流れや重力を感じるが、耳としても働く。左右の触角には枝分かれした毛が1本ずつ生えている。この毛が音波を受けて震えると、触角内部にある聴覚器官が働く。雄《オス》のショウジョウバエは翅《はね》を震わせて雌《メス》に求愛し、雌はそれを触角で感じて雄を受け入れる。

昆虫の耳

昆虫の耳は頭にあるとは限らない。脚にあったり腹部にあったり、と場所はさまざまだが、いずれも同じようなしくみで働く。昆虫の多くは鼓膜《こまく》器官をもつ。体表にはられた鼓膜で特定の高さの音を拾うものだ。昆虫は、鼓膜器官を用いて特定の捕食者を避けたり、繁殖《はんしょく》の相手を見つけたりする。

口器で超音波を感知する

スズメガ
スズメガのなかには口器に耳があるものがいる。この耳を利用してコウモリの攻撃を避ける。

前翅《ぜんし》にある
スリット状の鼓膜

クサカゲロウ
クサカゲロウの耳は翅にあり、スズメガと同じように、コウモリが近づいてくるのを音で感知する。

前脚の脛節《けいせつ》下部
に鼓膜がある

コオロギ
コオロギの耳は前脚にあり、そこで求愛コールを聴く。

前胸部の下面に
鼓膜がある

ヤドリバエ
ヤドリバエは寄生バエで、胸にある鼓膜を使ってほかの昆虫の鳴き声を聞きつけ、あとを追う。

放熱板になる耳

哺乳類の耳はほかの動物に比べてよく目立つ。オグロジャックウサギの耳は、体全体に占める割合がかなり大きい。この耳は効率的に音を集めるが、聴覚を鋭くするのに役立つだけではない。オグロジャックウサギのすむ北米西部の砂漠地帯では、夏の気温が 40℃を超えることもしばしばだ。オグロジャックウサギは日陰で身を休めつつ、耳から熱を逃がして、オーバーヒートしないようにする。

耳に走る網の目のような血管が余分な熱を逃がす

いろいろと役に立つ耳

アフリカゾウは体も大きいが耳も大きい。ゾウは大きな耳を使って音を聞くほか、体を冷やしたり、感情を表したりもする。危険を感じたゾウは耳を大きく広げる。いつでも攻撃できるぞ、というサインだ。ゾウはトランペットのような声で鳴くほか、人間には聞こえない超低周波《ちょうていしゅうは》の音でもコミュニケーションを取る。超低周波音は、空気だけではなく地面をも伝わっていく。

耳殻《じかく》は音を集め、頭の内部にある鼓膜へと送る

腹部の両側に鼓膜がある

セミ

雄のセミの耳は、自分自身のつんざくような鳴き声でやられないような構造になっている。

耳の内部も大きい

フェネックギツネの耳は頭の上でくるくるとよく動き、どんなかすかな音も敏感に感知する。外側も大きいが内部も大きい。耳の穴の奥にぷっくりふくらんだ空間があって、そこに鼓膜《こまく》がある。音はこの空間内で共鳴し増幅《ぞうふく》されてから鼓膜を震わせ、さらに耳の奥に伝えられていく。フェネックギツネはサハラ砂漠でくらし、暗くなってから狩りをする。敏感な耳で、昆虫や齧歯類《げっしるい》が地表をせかせかと走る音を聞きつけ、獲物の位置を特定するのだ。

音を使ってものを「見る」

昆虫を食べるコウモリは、昼間はねぐらにいて日が沈むと
食物を探しに出てくる。皮でできた翼で暗闇のなかを羽ばたき、
空中で獲物を捕まえたり、地表にいるものをさっとさらったり
する。果物を食べるコウモリとは違い、昆虫を食べるコウモリ
の目は小さい。それなのに、木でも電話線でもどんな障害物
でもすいすいかわしながら、高速で獲物を追いかける。
コウモリは超音波を発してその反響音《はんきょうおん》（エコー）を聴き取り、
周囲にあるものを感知しているのだ。
これをエコーロケーション（反響定位《はんきょうていい》）と呼ぶ。
反響によって、獲物の存在を含め周囲の世界の様子が
ありありとわかるのである。
超音波を利用するのはコウモリだけではない。
哺乳類《ほにゅうるい》の何種類か、それに洞くつで生活する鳥類が
反響定位を行っている。

飛行しながらエコーロケーション

キクガシラコウモリは一定の周波数の音を発しながら狩りをする。飛んでいる昆虫の翅《はね》にあたって返ってきた反響音を分析することで、昆虫のタイプを識別するのだ。遠ざかるサイレンの音はドップラー効果により変化して聞こえるが、反響音の周波数も同じ効果で変化する。

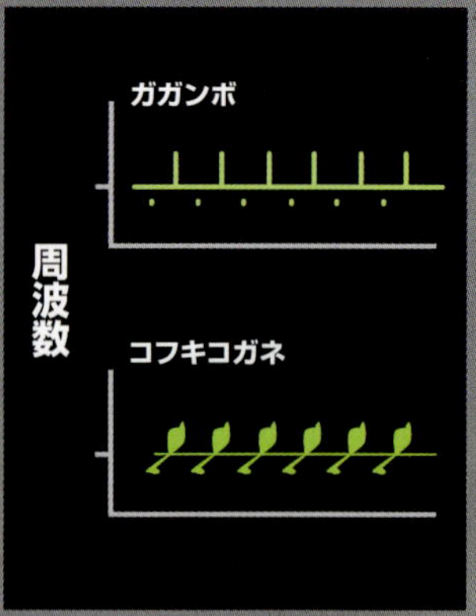

ガガンボ
周波数
コフキコガネ

反響音で見る

獲物のガに近づくキクガシラコウモリ。
ガまでの正確な距離と、ガの正確な飛行スピード
を知るために、キクガシラコウモリは1秒間に
100 回以上の断続的な短い音（パルス）を発する。
獲物を見つけるまでに発していたパルスの 20 倍
以上の頻度《ひんど》だ。コウモリは馬蹄《ばてい》のようなかたち
をした鼻葉《びよう》の中央からパルスを発する。

耳を前へ回転させてガからの反響音を聴き取る
丸い鼻葉から超音波をビームのように発する

地上のエコーロケーション

コウモリ以外の哺乳類では、トガリネズミと
テンレックだけがエコーロケーションを行う。
写真はアフリカとマダガスカルに生息するテ
ンレックだ。活動するのは夜間で、舌でクリッ
ク音を出しながら移動する。コウモリのパル
スとは違い、テンレックのクリック音は人間
にも聞こえる。

洞くつの歌声

東南アジアに生息するアナツバメは、石灰岩の洞くつの奥をねぐらにし、子育て用の巣もそこにつくることが多い。視力はいいのだが、洞くつ内ではエコーロケーションで飛翔経路を決定する。通常、1秒間に10回ほどの頻度でクリック音を立て、狭いところでは頻度を上げて、行き先の様子がよくわかるようにする。

海中の音

音波は水中のほうが空気中よりも伝わりやすい。また音波の振動は海底にも伝わる。海にすむイルカはこれを利用し、反響音で砂の中に潜んでいるヒラメやカレイ類を見つけ出す。イルカの口笛のようなホイッスル音やキーキーいう音はなかなかにぎやかだが、エコーロケーションに用いるクリック音は周波数15万ヘルツ以上で、人間には聞こえない。

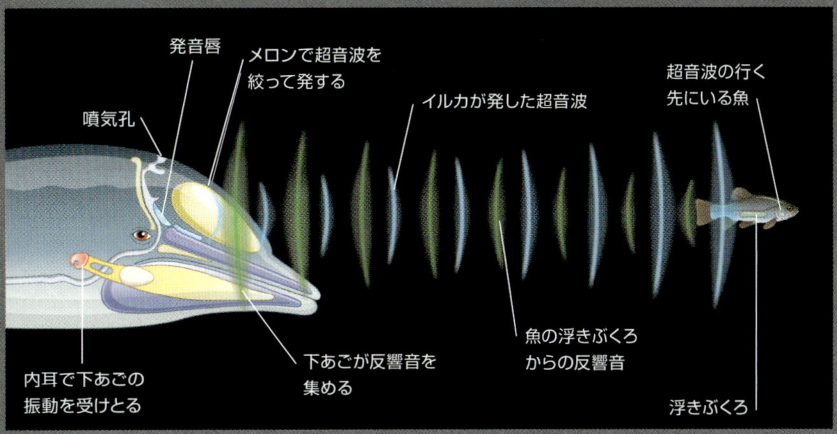
発音唇
メロンで超音波を
絞って発する
噴気孔
イルカが発した超音波
超音波の行く
先にいる魚
内耳で下あごの
振動を受けとる
下あごが反響音を
集める
魚の浮きぶくろ
からの反響音
浮きぶくろ

イルカのクリック音

イルカの頭部、噴気孔《ふんきこう》（鼻の穴）の奥には発音唇《はつおんしん》という器官があり、また、おでこのふくらみの内部にはメロンという脂肪《しぼう》組織がある。イルカは発音唇でクリック音を出し、メロンを通して音の焦点を絞り、音波を前方へ送り出す。音波は水を通過するが、ガスがたまっている魚の浮きぶくろは音を反射し、反響音がイルカのところに戻ってくる。

深海のエコー

マッコウクジラは最大のハクジラであり、また、獲物を1匹ずつしとめる捕食者としても最大である。マッコウクジラは深海に潜り、動物としてはもっとも大きなクリック音を発してエコーロケーションを行い、タコやイカを探知する。頭部にある脳油《のうゆ》器官により、クリック音は焦点を絞って発せられる。脳油器官は油がつまったふくろで、浮力調節にも利用される。

マッコウクジラの巨大で角張った頭。大部分は脳油器官が占める

味覚と嗅覚

味覚《みかく》と嗅覚《きゅうかく》の特徴は、いずれも化学物質を感知するということだ。信じられないほど少量でも感知できたりする。味覚は食物を確認して有害な物質を避けるために用いられる。哺乳類《ほにゅうるい》で味覚情報を受け取るのは味覚芽《みかくが》で、これはたいていは舌にあるが、ほかの動物では舌とは限らず、体のいろいろなところで味覚情報を感知する。体の表面全体で感知する場合もある。一方、空気中あるいは水中に拡散する物質を感知するのが嗅覚だ。危険がせまっていることを知らせるにおいもあれば、食物や繁殖のパートナーを見つける手がかりになるにおいもある。

あごを閉じたまま
舌をチロチロと出し入れする
湿った舌の表面に
空気中のにおい物質を
付着させる

空気を味わう

ネズミヘビのなかまは、絶え間なく舌を出したり引っ込めたりしながらあたりを探索する。空気中の化学物質を舌に付着させているのだ。舌に付着した物質は口蓋《こうがい》にある特別な器官で分析する。ヘビの舌はふたまたに分かれているものが多い。人間が左右の耳で音の出どころを探知するように、ヘビはふたまたに分かれた舌で化学物質の出どころを感知する。それが獲物だったら向かっていき、捕食者だったら逃げる。

味に敏感な足

このミドリタテハは葉にただ止まっているだけではない。葉の味見をしている最中なのだ。チョウの足には味覚センサーがあり、雌《メス》は幼虫の食草となる葉を足で確認してから卵を産む。このセンサーは自分の食物を探すのにも役立つ。チョウは特に甘味に引きつけられるが、チョウの足は、人間の舌の200倍の感度で甘味を感知することができる。

水中のにおい

イボヤギは獲物を見ることはできない。だが動きには敏感で、生きものから放たれて水中を漂ってくる化学物質も鋭敏に感知する。魚が泳いでそばまで来ると、イボヤギはそのにおいに反応して刺胞のつまった触手を伸ばす。海洋にはイボヤギと同じようににおいで獲物を探知する捕食者が多い。サメは傷ついた肉から漂うアミノ酸をきわめて敏感に感知する。100億倍に薄められていても判別できるほどだ。

ヤコプソン器官

ヘビはふたまたに分かれた舌をチロチロさせて引っ込めたあと、舌の先端を口蓋にあるヤコプソン器官のくぼみに押しつける。くぼみの内面には神経が並んでいて、舌に付着したさまざまな化学物質を感知し、脳に信号を送る。哺乳類のなかにもヤコプソン器官をもつものがいるが、それはフェロモンを探知するのに使われている。フェロモンは動物がコミュニケーションに用いる化学物質で、空気に乗って運ばれる一種のにおい物質である。哺乳類は特に繁殖に際してフェロモンでやりとりをする（137ページ参照）。

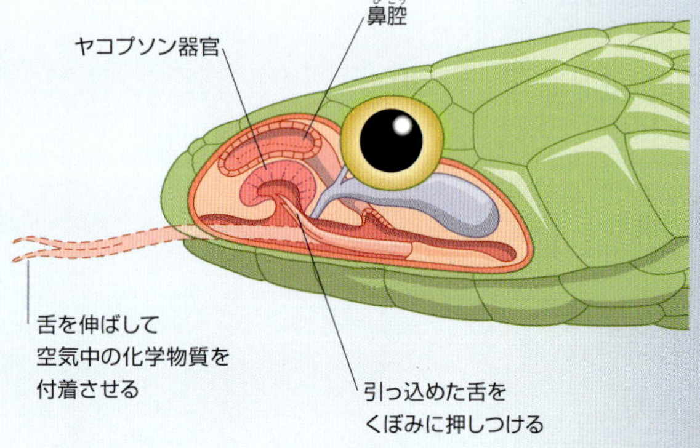

ヤコプソン器官
鼻腔《びこう》
舌を伸ばして
空気中の化学物質を
付着させる
引っ込めた舌を
くぼみに押しつける

嗅覚ベスト1

雄のガは、動物界でも最高級の化学物質探知力をもっている。雄は羽毛のような触角でにおいを感じるが、この触覚は、特に交尾可能な雌が発するフェロモンを鋭敏に探知するように「チューニング」されている。写真はヨナグニサンという巨大なガの雄だが、雌が風上にいれば 11km 先でも触角で探知可能だ。フェロモンのわずかな濃度変化を感知しながら曲がりくねった航跡に沿って飛び、ついには雌のところまでたどりつくのである。

味覚芽《みかくが》

ホッキョクギツネの舌の表面は細かい突起でおおわれている。食物を味わいこそげ取るのにぴったりだ。細かい突起は舌乳頭《ぜつにゅうとう》と呼ばれる。舌乳頭のなかには表面に味覚芽の埋まっているものがある。味覚芽は顕微鏡でなければ見えないほどの大きさで、たるのようなかたちをしている。食物に反応する細長い感覚細胞が集まったものだ。味覚芽では、酸味・塩味・苦味・甘味という基本的な味を感知し、脳がそれを統合することで味覚が生じる。

舌乳頭の溝には多数の味覚芽が並ぶ

舌の表側にある舌乳頭《ぜつにゅうとう》（有郭乳頭《ゆうかくにゅうとう》）の拡大写真

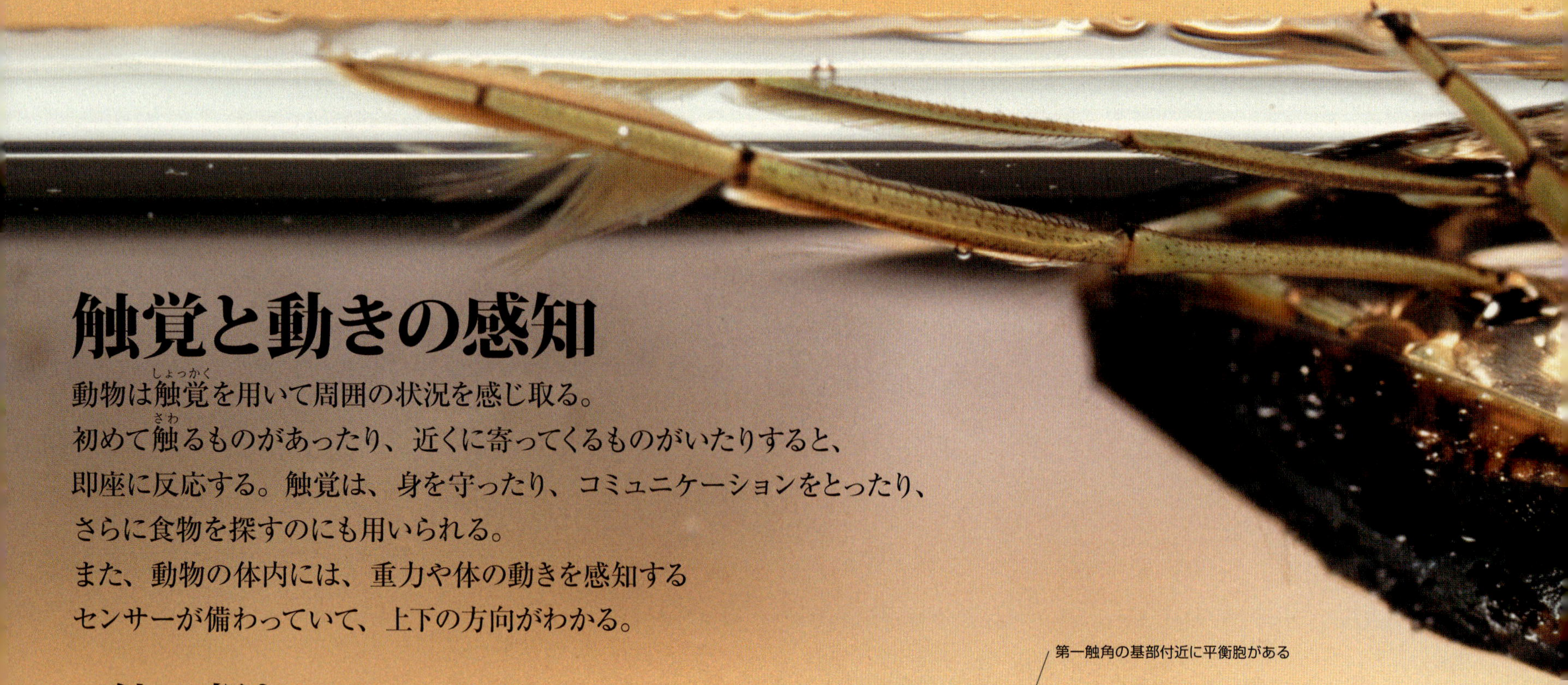

触覚と動きの感知

動物は触覚《しょっかく》を用いて周囲の状況を感じ取る。
初めて触《さわ》るものがあったり、近くに寄ってくるものがいたりすると、
即座に反応する。触覚は、身を守ったり、コミュニケーションをとったり、
さらに食物を探すのにも用いられる。
また、動物の体内には、重力や体の動きを感知する
センサーが備わっていて、上下の方向がわかる。

触って探す

オオアリクイはものすごく目が悪く、食物を探すのは嗅覚《きゅうかく》にたよる。アリやシロアリの巣をひとたび見つけたら、こんどは触覚にたよって食物を集める。伸ばすと50cmにもなる細長い舌を巣に差し込み、細い通路沿いに奥まではわせていって、敏感な先端で探るのだ。舌の表面には、ねばねばしたのりのようなだ液がたっぷり分泌《ぶんぴつ》してあり、アリやシロアリがくっつく。オオアリクイは舌をポンプのように高速で出し入れして、1日に25,000匹ものアリをたいらげる。

管状の口吻《こうふん》が長く伸び、口には歯がない

カギ爪《つめ》で昆虫の巣を割って開く。爪は歩くときには引っ込めている

細長い舌

第一触角の基部付近に平衡胞がある

上はどっち？

上と下の識別は動物にとって死活問題だ。カニは、目と平衡胞《へいこうほう》という体内に備え付けのセンサーで上下の識別を行っている。平衡胞は多くの無脊椎《むせきつい》動物に共通して見られる構造だ。中空で、内部には重みのある鉱物の粒があり、内表面には感覚毛をもった細胞が並ぶ。鉱物の粒が重力で沈んで感覚毛を刺激すると細胞が興奮し、重力の方向が感知されるのだ。これによって、どちらが上か、また、自分の移動速度が上がっているのか下がっているのかもわかる。脊椎動物の内耳にも同じような感覚器官がある。

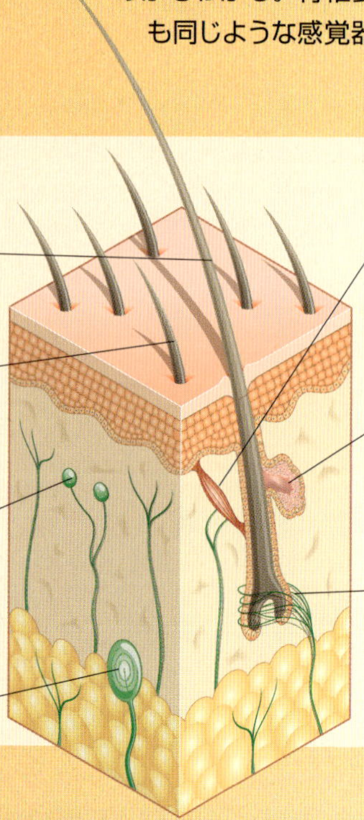
陸上や水中で、接触や動きを感じ取る剛毛《ごうもう》
下毛
皮膚の表面近くにある触点では軽い接触を感知する
皮膚の奥深くにある圧点
立毛筋《りつもうきん》が収縮すると剛毛が立つ
皮脂腺《ひしせん》から分泌される皮脂は毛や皮膚の表面をすべすべにする
剛毛の毛包《もうほう》を神経終末が取り巻く

鋭敏な足を水の表面に置いて、
波紋を待つ
獲物を突き刺す口器は、
使わないときには
たたんでいる

死を呼ぶバイブレーション

マツモムシは池の水面から逆さにぶら下がり、波紋を感知して獲物を探す。大きな波は無視するが、小刻《こきざ》みな波紋があったら出動だ。池に落ちた昆虫が飛び立とうとしてもがくと、そのような波紋が生じるのだ。脚をオールのように使って波紋の主のところまで泳いでいったマツモムシは、下から襲いかかって管状の口器を獲物に突き刺す。マツモムシは攻撃的な捕食者で、食物を争ってなかまどうしが闘うことも多い。

シンクロナイズド・スイミング

魚が群れで泳ぐときには、圧力を感知するように特殊化した側線という感覚器官を利用する。写真のゴンズイ（ナマズのなかま）は、互いに寄り添ってボール状に固まっている（「ゴンズイ玉」と呼ばれる）。この状態では、捕食者が1匹だけを捕まえるのは難しい。側線は側線管からなり、ゴンズイには左右に1本ずつある。側線管は体表にたくさん開いた小さな穴で外界とつながり、管の中には水が通っている。管の内側には水圧の変化を感知するセンサーが並ぶ。ゴンズイのある個体が移動すると、隣の個体は側線でその動きを感じ取り、瞬時に自分も動くので、全体の動きが同調するのだ。

皮《ひ》膚《ふ》・毛・触毛

水中で狩りをする哺乳類《ほにゅうるい》は、触覚にたよることが多い。カワウソもそうで、にごった水中で食物を探すときや夜に狩りをするときは触毛《しょくもう》を駆使《くし》する。また、非常に敏感な前足も役に立つ。前足で探って食物を見つけたり、食べるときには前足で押さえたりするのだ。海にすむアザラシやセイウチも触毛を使って食物を探す。セイウチの上唇《くちびる》には長さ30cmほどの触毛が700本もあり、濃い「ロヒゲ」が生えているように見える。

毛の根元を取り巻く神経

哺乳類の皮膚には、接触や圧力を感じる特殊化した神経終末が何種類かあって、異なる深さに埋まっている。また、毛皮表面に何かが触ると剛毛が動き、その根元を取り巻く神経が興奮する。もっと敏感なのは触毛だ。触毛は特殊な毛包から生え、そこから送られた信号は脳の特定の領域で処理される。

鼻づらと前足には
触覚センサーが
高密度にある
広がったヒゲで
広い範囲を探る

鼻先で活躍するスター

北米に生息するホシバナモグラは、信じられないほど感度の高い触覚《しょっかく》センサーをもっている。このモグラはほとんど目が見えないが、鼻づらから放射状に広がる22本の肉質の触手《しょくしゅ》を駆使《くし》して、土の中にいる極小の動物を感知する。全部で25,000個もの触覚センサーがあるこの触手は、人間の指先よりもはるかに敏感だ。触手は常にひくひくとうごめいて、土の中に食べられるものがないかどうか探っている。食べられそうなものを見つけたら、22本のなかでもっとも敏感ないちばん下の触手2本で吟味《ぎんみ》する。食物だとわかれば、わずか0.25秒で飲み込んでしまう。哺乳類《ほにゅうるい》のなかで早食いナンバー1といってもよいだろう。

特殊な感覚

私たち人間にはまったく感じられないものを感じ取る動物は多い。想像するのもなかなか難しい感覚だ。陸上にすむ動物としては、たとえばヘビは暗闇で赤外線を「見」て、体温の高い恒温《こうおん》動物を狩ることができる。水中にすむ動物では、たとえばカモノハシやサメは獲物がつくり出すごくかすかな電場を感知することができる。電気受容《でんきじゅよう》と呼ばれる特殊感覚だ。特殊感覚の使い道は食物を探すことだけではない。カメ、鳥、コウモリなどさまざまな動物が、地球の磁場の強さと方向を感知する。長距離を大移動する場合には、この磁場感覚を助けに航路《こうろ》を決定する。

電気で探る

カモノハシの弾力のあるくちばしは、接触刺激《せっしょくしげき》に対する感度がかなり高いが、それだけではない。くちばしには、電場を感知する微細なセンサーが約４万個もあるのだ。カモノハシはくちばしを左右に振って獲物を探す。川底の泥に埋まる小さな生きものの電場を探る。場所がわかったら、くちばしで素早く掘り出す。

熱を見る

温かいものは、熱エネルギーである赤外線を放射している。ガラガラヘビやニシキヘビ、ボアは、ごくわずかな赤外線でも感知できる。顔にピット器官と呼ばれるくぼみがあって、そこで熱を感じるのだ。写真のミドリニシキヘビは、真っ暗闇のなかでも哺乳類《ほにゅうるい》や鳥類を襲撃《しゅうげき》する。周囲より温度が高ければ感知できるのだ。ガラガラヘビにはピット器官が２つしかないが、ニシキヘビやボアでは唇《くちびる》の横に複数のピット器官が並んでいる。

目からの感覚信号は脳に送られ、ピット器官からの信号と同じ部位で処理される
くさび形のピット器官の奥には、温度を敏感に感じる感覚細胞が並んでいる

電気受容

ある種の魚は高圧の電気を発し、獲物を気絶させたり殺したりする。また、サメやエイなど、ほかの魚がつくり出す電場を感じることができる魚も多い。サメの頭には電気を感じるロレンチニ瓶《びん》という感覚器官が多数ある。ロレンチニ瓶はゼリー状の物質がつまった小さな孔《あな》で、100万分の1ボルトの電圧変化を感知でき、そのおかげでサメは電場がどこから発生しているのかわかる。

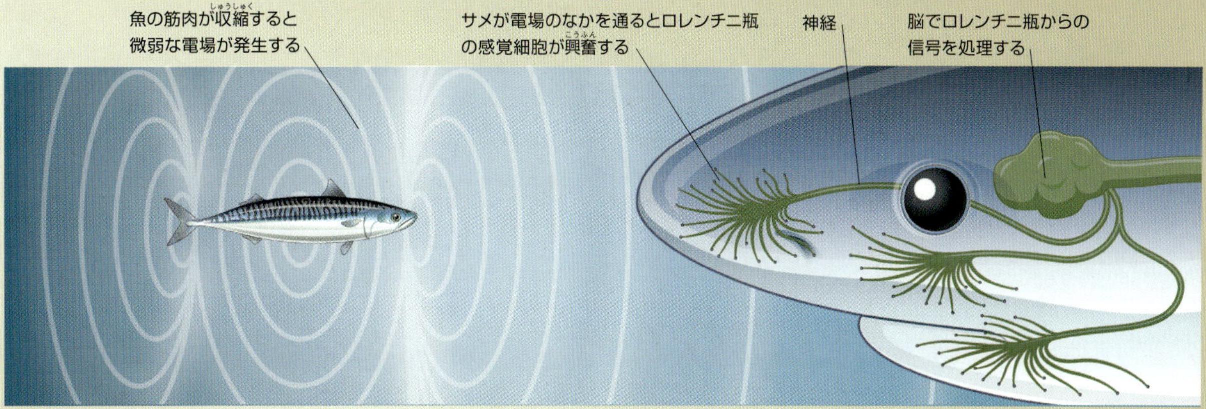

魚の筋肉が収縮《しゅうしゅく》すると微弱な電場が発生する
サメが電場のなかを通るとロレンチニ瓶の感覚細胞が興奮《こうふん》する
神経
脳でロレンチニ瓶からの信号を処理する

体に内蔵された方位磁石

アオウミガメは自分が生まれた浜辺へ戻って産卵するのだが、たどり着くまでにかなりの長距離を旅することもある。渡り鳥のように、ウミガメにも方向を知る手段がいくつかある。太陽の方向と星座を見て方角を定めるのに加え、脳内にある磁鉄鉱《じてっこう》の結晶にもたよっている可能性がある。磁鉄鉱は地球上でもっとも磁性の強い鉱物だ。多くの動物が体内に磁鉄鉱をもっていて、磁場に従って方向を定めているのだ。

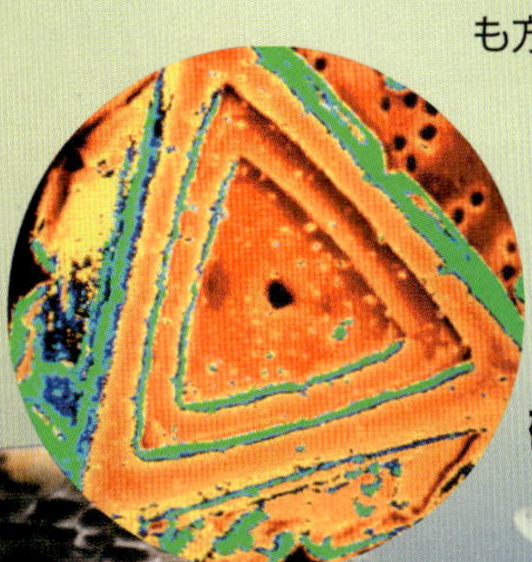

磁鉄鉱の結晶の拡大写真

圧力を感じる

動物は天気予報はできないが、気圧の変化を感じ取れるものは多い。気圧が少しずつ上がっていれば天気が安定し乾燥《かんそう》することがわかり、急に気圧が下がったら嵐が来るだろうとわかる。アマツバメは低気圧から逃れ、気圧がふたたび上昇してきたら戻ってくる。

地磁気《ちじき》に合わせた建築物

オーストラリアの「磁石」シロアリは平べったいくさび形の塚をつくるが、くさび形の薄い縁は南北を向き、平たい両面は東西を向いている。その結果、太陽が東から昇って西に沈むまでのあいだ、片方の面がかならず陰になる。また正午には、上端だけが直射日光にさらされるので、塚の温度が上がりすぎることはない。シロアリの働きアリは目が見えないので、塚をつくるにあたって太陽をたよりに方向を決めることはできない。実はこのシロアリは地磁気を感じ取ることができるのだ。

コミュニケーション

視覚的な信号

生きていくうえでコミュニケーションが大切なのは、人間だけの話ではない。野生動物にとっても同じことだ。信号を送って連絡を取り合うのは生存にも繁殖《はんしょく》にも役立つ。同じ種のなかまに信号を送るのが普通だが、異なる種、特に自分を食べようとする相手に対してメッセージを送ることもある。動物の送る信号には、たとえば出会ったときの身体的な接触《せっしょく》から、鳥やクジラの美麗《びれい》かつ複雑な歌まで、さまざまなものがあるが、もっとも重要なのは視覚的な信号だろう。色や動き、顔の表情などを利用してメッセージが伝えられるのだ。

さまざまな連絡方法

コミュニケーションと感覚はかかわりが深い。震動《しんどう》や電場を感じ、それをコミュニケーションの手段にする動物もいるが、ほとんどの動物は、接触や視覚、音、においなどで信号のやりとりをしている。それぞれの種に特有な鳴き声やにおいが用いられるが、これはなかまうちだけに通じる暗号のようなものだ。捕食者に見つかってはたまらない。

接触
インコは触れ合ってきずなを維持する。特にパートナーや親子は接触し合う。毛づくろいや羽づくろいにも接触がつきものだ。

視覚
鮮やかな警告色のヒレを広げるミノカサゴ。トゲに毒があることをアピールしている。視覚的メッセージは、同じ種だけではなく、ほかの種に対しても送られる。

音声
コヨーテはほえ声を上げてなかまと連絡を取り合う。音声は陸上でも水中でも信号として使われる。姿が見えないときでも音声ならやりとりが可能だ。

におい
サスライアリはフェロモンのにおいを感知してなかまのあとを追う。化学物質によるメッセージは音と違って長持ちする。たいていのフェロモンは、消えるまでに時間がかかるのだ。

ボディ・ランゲージ

ハイイロオオカミが耳を寝かせて雪の上にうずくまり、同じ群れの優位なオオカミに道をゆずっている。この行動は典型的なボディ・ランゲージだ。ボディ・ランゲージは動物の世界で広く見られる視覚的な信号だ。自分と同じ種の動物に対して用いられるが、緊急《きんきゅう》時の命運を左右することもある。襲撃《しゅうげき》者に対して自分を実際よりも大きく強そうに見せて難を逃れるのもボディ・ランゲージなのだ。

雌は羽毛のまだら模様のおかげで、
岩場にある巣では背景に溶け込んで目立たない
雄のケワタガモ

どこが違う？

色彩や模様が、同じ種だということの証しとなることもある。上の写真は、ケワタガモの雌《メス》と、それに寄り添う2羽の雄《オス》だ。雄は婚羽《こんう》あるいは繁殖羽と呼ばれる派手な羽毛をまとっている。繁殖期直前に生え替わったこの羽毛は雌を引きつける。対照的に、雌の羽毛はカムフラージュ用で、巣で卵を温めるときに目立たないようになっている。

びっくり戦術

ぼってりした胴体のヨーロッパウチスズメは、空腹な鳥の食欲を間違いなくそそるだろう。このスズメガは巧妙にカムフラージュしているが、もし見つかってしまったら、作戦変更して身を守るために闘う。翅《はね》を突然広げ、1対の大きな目玉模様を見せるのだ。運がよければ、鳥は食べるのをためらって立ち去ってくれる。昆虫にはこの手の視覚的トリックがよく見られる。昆虫より大きな動物でも、魚やカエルなどにこのトリックを採用しているものがいる。

閉じた翅はよくカモフラージュされている

翅を開くと「目玉」が現れる

表情で伝える

動物の多くは、顔の皮膚を動かす筋肉がほとんどないか、あるいはまったくなく、表情を変えられない。だが哺乳類は話が別だ。特にサルのなかまなどは表情をさまざまに変えることができる。サルは人間と同じような表情をすることがあるが、その意味は必ずしも人間と同じとは限らない。写真のチンパンジーは口をとがらせているが、これは闘いのあとなど、相手に対する服従を表すものとしてよく見られる表情だ。ただし子どものチンパンジーは、同じような顔をして食物をねだることもある。

こっちを見て！

シオマネキはマングローブの湿地にすむ。穴の中ですごし、引き潮のときに食物を探しに出てくる。体は小さくて横幅はわずか2.5cmだが、雄は片方だけ巨大なハサミをもっていて、これを使って同じ泥地にいるなかまに信号を送る。何かをさし招くようにハサミを振り上げては急に振り下ろす、という動作を行うのだ。このディスプレイは雌を引きつけると同時に、ライバルの雄に対しては警告となる。シオマネキにはたくさんの種がいるが、それぞれ異なった信号パターンをもっているので、雌は正しい繁殖相手を見つけることができる。

点滅灯

暖かい夜、ホタルは体に内蔵されたライトでパートナーを引きつける。腹部で化学反応が起こり、黄色ないし緑色の光が発せられるが、この光は熱をほとんど伴わない。雄は光を点滅させながら暗闇を飛ぶ。雌が光で応答すると、雄が雌のところにやってきて交尾する。光の点滅パターンはホタルの種によって異なっている。複数の雄がいっせいに点滅するものもいる。

近寄るな！

動物の出す信号には人間にとってわかりにくいものもある。だが、このチーターのメッセージは間違えようがない。殺した獲物を守ろうと歯をむき出してうなっているのだ。獲物を倒したその瞬間から、チーターは獲物を守ることに気を配らなくてはならない。スカベンジャーやほかの捕食者が獲物を横取りしようと寄ってくるからだ。チーターは短距離走者としては超一流だが、ほかの捕食者を撃退するのは上手とはいえない。子どもをつれた雌はハイエナ相手ならなんとか善戦する。だが遠くにライオンの姿を認めると、食事をうち捨てて逃げていく。

鳴き声や歌

自然界は動物の立てる音でいっぱいだ。小さい動物が驚くほど大きな音を立てることもある。クジラの歌は180デシベル以上の音量に達する。ジェット機よりも大きな音だ。息を吐《は》きながらのどを震わせて音を出すのがよくある方法だが、昆虫のなかには、体の一部をすりあわせて音を立てたり、超小型ドラムのような膜を叩《たた》いてかん高い音を出したりするものもいる。音は繁殖《はんしょく》の相手を引きつけるのに使われるが、ときには、驚くほど遠く離れた相手と音でつながることもできる。また音で危険を撃退することもできる。緊急《きんきゅう》時に発するシューッという警告《けいこく》音で捕食者が思いとどまることもあるのだ。

練習も必要

コバシヌマミソサザイは重さわずか10ｇだが、そのさえずりはかなり遠くまで届く。この鳥を含め、鳴禽類《めいきんるい》の胸の奥には発達した鳴管《めいかん》がある。鳴管は筋肉と膜からなる複雑な構造で、その収縮《しゅうしゅく》と弛緩《しかん》によって空気の流れが急速に変化し、鳴き声が出てくる。雄《オス》のミソサザイが歌うのはもって生まれた本能だが、先輩の雄の歌を聴いておぼえ、まねをすることもできる。

声を聴けばわかる

シロカツオドリは密集したコロニーに巣をつくる。コロニーにはつがいとヒナが5万組もいるのだが、驚くなかれ、シロカツオドリは鳴き声でたがいを識別している。まわりでほかの鳥がかしましく鳴き、風や波の音がうるさくても問題ない。コロニーに戻ってきたカツオドリが鳴き声をあげると、パートナーは即座に識別して鳴き返す。その声をたよりに、カツオドリは自分のパートナーがいる巣にたどりつくことができるのだ。

野外放送

春から夏にかけて、アメリカアマガエルの雄は鳴き声で雌を呼ぶ。カエルには、人間と同じような声帯のほかに鳴のうというふくろがあり、これをふくらませて声を共鳴させる。カエルが鳴くときは、まず空気を吸って鼻孔《びこう》を閉じる。そして肺と鳴のうのあいだで空気を行ったり来たりさせ、声帯で空気を震《ふる》わせる。アメリカアマガエルの鳴のうは1つだが、頭の両側に1つずつ鳴のうがあるカエルも多い。

鳴のうの中で空気が共鳴し、鳴き声を増幅する

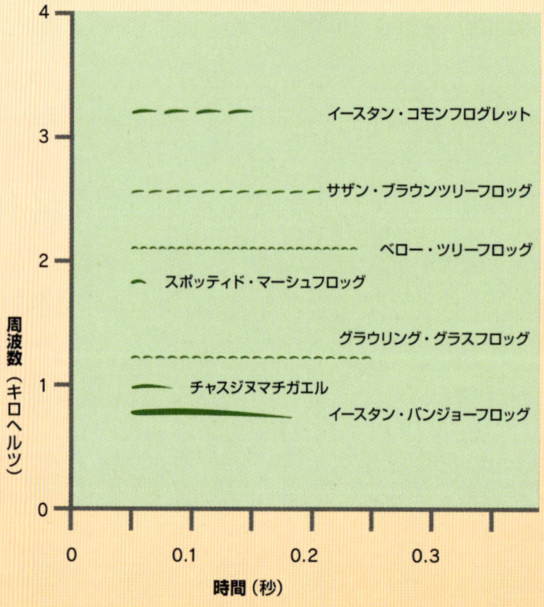

4
3
2
1
0
イースタン・コモンフログレット
サザン・ブラウンツリーフロッグ
ペロー・ツリーフロッグ
スポッティド・マーシュフロッグ
グラウリング・グラスフロッグ
チャスジヌマチガエル
イースタン・バンジョーフロッグ
周波数（キロヘルツ）
0
0.1
0.2
0.3
時間（秒）

専用の周波数

カエルの雄の鳴き声は種によってはっきりとした違いがあり、同じ種の雌《メス》だけが引きつけられるようになっている。これは、特に同じ場所に何種類ものカエルが生息している場合、大事なことだ。左のグラフに表したのはオーストラリアに生息するカエル7種の鳴き声だ。繁殖《はんしょく》期《き》、この7種は同じ池で同じ時間帯に鳴くことも多いが、それぞれの鳴き声は、周波数（音の高さ）やリズム、間の取りかたが異なっている。

海中に響く歌

ザトウクジラの歌は動物の世界でももっとも長く、もっとも神秘的なものだろう。ゴロゴロという低音のうなりや、キーキー、キュイッという高い音をとりまぜて 15 分以上も続く歌は、いくつものテーマやフレーズで構成されていて、年単位で少しずつ変化していく。歌うのは雄だけだ。同じ群れのものは同じ歌を歌い、たとえ何千キロと離れていても、アレンジのしかたまで共通している。クジラがなぜ歌うのかはよくわかっていない。雄が雌の気をひこうとして歌うのだ、という説明がいまのところいちばんそれらしい。

木の上のコーラス

クロホエザルは地球上でもっともうるさい動物だといってもよい。熱帯多雨林にすんで木の葉を食べるこのサルは、とどろくような声でほえる。5 km 離れていても聞こえるほえ声で、隣接《りんせつ》する別の群れに対して警告信号を送っているのだ。自分たちから離れていろ、という意味である。別の群れとえさを争わないようにしているのだ。ホエザルの舌骨《ぜっこつ》（舌と舌の筋肉を支える骨）はとても大きく、おわんのようなかたちをしていて、声がよく反響する。

翼を打ち合わせて
風切り羽を
反響させる

虫の声

昆虫には肺がないので、息を吐き出しながら音を出すことはできない。だが昆虫には、体のある部分をほかの部分にこすりつけ、鳥のさえずりのような音を出すものが多い。これを摩擦《まさつ》発音という。バッタのなかまは後脚を前翅《ぜんし》にこすりつけて音を出す。後脚に並ぶ細かい突起で翅《はね》の表面をこするのだ。コオロギの歌はちょっと違い、2枚の前翅をこすり合わせることで音を立てる。

バッタは、後脚の内側を
分厚い前翅にこすりつけて
音を出す

鳥の音楽家

鳥のコミュニケーションは歌だけではない。キツツキは木の幹をたたいて信号を送る。くちばしをカチカチいわせたり、翼の先端を打ち合わせて飛んだりする鳥も多い。ずいぶん変わった音を立てる鳥もいる。ズアカヒメマイコドリがそうだ。雄は太い軸が中空になった特殊な羽毛をもっていて、これを背中側で打ち合わせる。気の抜けたバイオリンのような音だ。

においの信号

私たち人間はほとんど気がつかないが、生きものの世界は化学物質による信号でいっぱいだ。動物が体内でつくって分泌《ぶんぴつ》する特有の化学物質をフェロモンと呼ぶ。これは、同じ種の動物に対して特有の行動を引き起こさせるという働きがある。まるでリモコンのように作用するのだ。フェロモンにはさまざまな種類があり、ふつう分泌されるのはごく微量だが、それでも劇的な効果がある。なわばりのマーキング、危険の回避、雌《メス》が雄《オス》を受け入れ可能であるというサイン、そして母親が子どもを識別することなどにフェロモンが利用される。特に昆虫やそのほかの無脊椎《むせきつい》動物にとって、フェロモンはコミュニケーション手段としてきわめて重要だ。嗅覚《きゅうかく》が発達した（人間以外の）哺乳類《ほにゅうるい》にとってもそうだ。

サバンナシマウマの雄

名刺を置いていきますね

赤んぼうを背中にしがみつかせた雌のワオキツネザルが、尾のつけね近くにある肛門腺《こうもんせん》の分泌物でマーキングしている。においによるマーキングは哺乳類ではよく見られる。有蹄類《ゆうているい》は足に、ほかの動物では目の近くに臭腺《しゅうせん》があり、草や小枝にマーキングするのに使う。においを残していくのは、自分がいつここを通過したのか同じ種のなかまに対して知らせるためだ。雄はなわばりを主張しライバルを遠ざけるために、においを利用する。

生まれたばかりの我が子のにおいをかぐトムソンガゼルの母親

トイレの場所は決めている

飼いネコは排泄物《はいせつぶつ》を慎重に埋めるが、哺乳類の多くは、排泄物をこんもりとした山にして残す。「ためふん」と呼ばれたりする。写真のユーラシアカワウソは、排泄物によってなわばりのマーキングをしている最中だ。雄は川岸に幅10km 以上にわたるなわばりをつくる。なわばり内には数十カ所のためふん場があり、私有地に侵入するなというメッセージをほかの雄に送っている。

排泄物でなわばりをマーキングするカワウソ

漂う何か

上唇《くちびる》を巻き上げた雄のシマウマ。雌の下半身から放出されるフェロモンが、あたりに漂っていないかどうか調べているのだ。これはフレーメンと呼ばれる行動で、口蓋《こうがい》にあるヤコプソン器官（120ページ参照）に空気が行くようにするものだ。ヤコプソン器官はごくごく少量のフェロモンでも感知し、雌が繁殖《はんしょく》可能かどうかがわかる。

秘密の信号

昆虫は一生を通じてフェロモンのお世話になる。フェロモンのなかには、たとえば警報《けいほう》フェロモンなど、急な行動の変化を引き起こすものもあるが、ゆっくりと作用し、昆虫の成長や発生のしかたに影響を与えるフェロモンもある。女王バチが分泌するフェロモンもゆっくり作用するもので、働きバチをコントロールし、巣がうまく立ちゆくようにする。

性フェロモン
性フェロモンは強い誘因力をもち、雄と雌を出会わせて交尾できるようにするものだ。バッタを含めほとんどの昆虫では雌が性フェロモンを出し、雄はそれをたよりに雌のところまでやってくる。

分散フェロモン
カメムシのなかまなど多くの昆虫で見られるのが、雌が産卵したところに残していく分散フェロモンだ。このフェロモンは植物に産卵済みという「タグ」をつけるようなもので、あとから来てフェロモンを感知した雌は、そこを避けて別のところに産卵する。

道しるべフェロモン
ギョウレツケムシガの幼虫は木に糸を張ってつくった巣の中にいる。編隊を組んで巣から出てきてえさを食べに行くときは道しるべフェロモンを出しながら移動し、帰りはそれをたどって戻ってくる。

警報フェロモン
攻撃されたり傷ついたりしたミツバチは警報フェロモンを分泌する。それを感知したなかまのハチは攻撃態勢をとって集まり、自分も同じフェロモンを分泌するので、じきに何千匹というハチが加わることになる。

なじみのにおいは家族の証《あかし》し

アフリカの草原で生まれたばかりのトムソンガゼル。母親に助けられてなんとか立ち上がっている。母親は子どもをなめてそのにおいを記憶し、子どもが親離れするまで、においで識別する。いったん記憶したのちは、我が子には母乳を与えるが「なじみのないにおいのする」子どもは近寄らせないようにする。

悪臭弾

昆虫は、フェロモンとは別に化学物質を自己防衛に利用することも多い。このアゲハの幼虫は捕食者におびやかされ、小さな角のように見える臭角《しゅうかく》を伸ばしたところだ。外見が危険そうなだけではなく、この角は強力な悪臭も発する。甲虫やカメムシもこの種の化学兵器の使用を得意とする。ホソクビゴミムシは、大きな爆発音とともに刺激臭《しげきしゅう》のある液体を腹から発射する。

1対の角のような臭角が伸びる。不快なにおいを発する武器だ

アゲハの幼虫

触れ合う（接触《せっしょく》する）

触《ふ》れ合いは、相手がごく近い距離にいるときしか行われないが、コミュニケーションでは重要な部分をしめる。
動物が相手と触れ合うのは、出会ったときや交尾《こうび》するときだ。
哺乳類《ほにゅうるい》や鳥類では、親が子どもをコントロールするのに接触が役立つ。また雄《オス》と雌《メス》のきずなを維持《いじ》する働きもある。
一生同じグループでくらす動物では、接触はとりわけ大事だ。
触れ合いに何時間もかけて信号を交換することもある。

パーソナル・スペース

マユグロアホウドリのヒナが、泥でつくった巣に腰を落ち着け、親が海から食物をもって帰ってくるのをしんぼう強く待っている。それぞれの巣のまわりはプライベートな「緩衝《かんしょう》地帯」だ。隣《となり》の巣は、アホウドリの親が首を伸ばせばつつけるぐらいの距離にある。親は巣と海とを行ったり来たりするが、ほかのアホウドリが巣に近づきすぎると攻撃する。

触れ合いのとき

サイズは大きくても、ゾウの鼻は人間の手と同じぐらい繊細だ。
下の写真は、2頭のアフリカゾウが出会ってあいさつをかわしているところだ。
片方が相手の頭に鼻を巻きつけ、こめかみ腺のにおいをかいでいる。
この腺からは数種類の化学物質が混ざったものが分泌《ぶんぴつ》され、
個体によりそれぞれ異なる配合のにおいになる。
離れていたのがほんの短時間であっても、
血縁《けつえん》のあるゾウはたがいに鼻で触《さわ》ったり
こすったりして、関係を確かめ合う。

いつでも密着

ミーアキャットにとって、触れ合いは生活のなかでも重要な部分だ。ミーアキャットは南アフリカの乾燥した砂地に、パックという群れをつくってすんでいる。早朝、朝日をあびながらくっつき合って毛づくろいをし、社会的なきずなを強める。夜には地面に掘った穴の中で身を寄せ合ってすごす。親が狩りに行くときは、誰かおとなが残って、親せきのおばさんよろしく子どもの面倒をみる。

頭と頭をごっつんこ?

2匹のアリが出会うと、触角《しょっかく》と口器で触《ふ》れ合うことが多い。接触はほんの一瞬だが、食物やフェロモンを交換するにはそれで十分だ。1匹の働きアリがほかのアリと出会うのは1日にのべ数千回にもなり、このコミュニケーションシステムにより、合図も食物も巣内に迅速《じんそく》に広まっていく。

闇のなかでダンス

ミツバチは接触をうまく使ってほかの個体に食物のありかを教える。偵察《ていさつ》から帰ってきた働きバチは暗い巣のなかでダンスをし、ほかのハチはダンスによる空気の動きを感じる。ダンサーは体をゆすり、翅《はね》を震《ふる》わせながら円を描いて歩き、花までの距離と、太陽を基準にした花の方角とを知らせる。

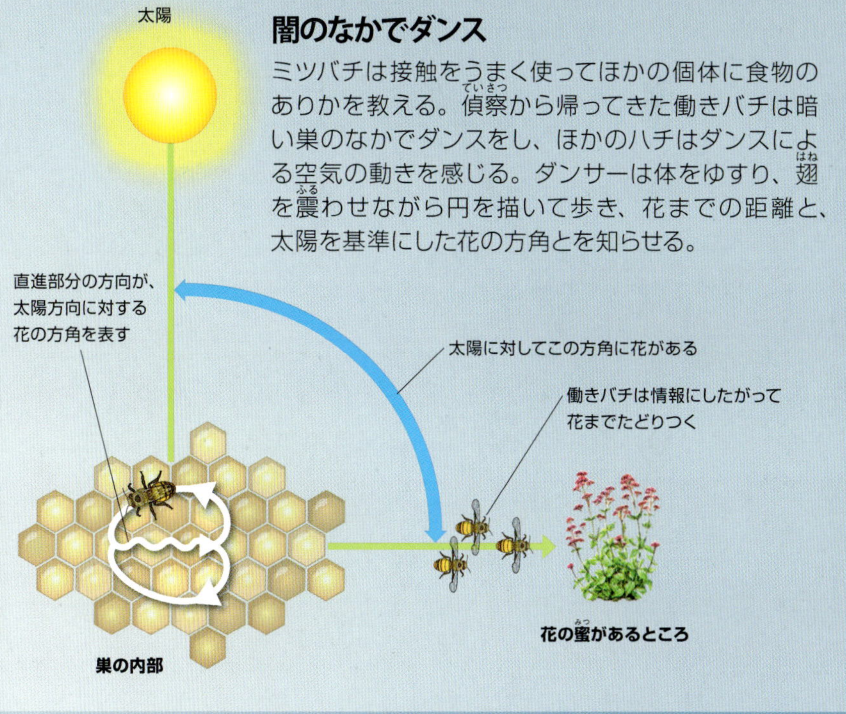

太陽
直進部分の方向が、太陽方向に対する花の方角を表す
太陽に対してこの方角に花がある
働きバチは情報にしたがって花までたどりつく
花の蜜《みつ》があるところ
巣の内部

チームを組む

ときに、異なる種の動物がコミュニケーションをとってチームを組むことがある。写真のハゼはテッポウエビが掘った穴にエビと一緒にすんでいる。危険を感知したハゼは、目がものすごく悪いエビに尾で触れて知らせ、両者ともに巣穴に引っ込んでことなきを得る。

エビは触角でハゼとコミュニケーションを取る

繁殖相手を引き寄せる

繁殖期《はんしょくき》がやってくると、動物たちは相手を見つけることに何をおいても集中する。パートナーをめぐる雄《オス》どうしの争いは激しいものになることもあり、雄はライバルに対する誇示《こじ》や闘《たたか》いに、もてるエネルギーをすべて注ぎ込む。たとえばシマウマはかみついたりキックしたり、カンガルーはキックとパンチの応酬《おうしゅう》だ。だが、多くの場合、闘いは筋書きが決まった一種の儀式《ぎしき》であり、敗者はけがもなくその場を去る。なかには、雄がレック（集団求愛場）に集まって「品評会」を開くものもいる。主役をめぐって争い、勝者は多くの雌《メス》と交尾《こうび》することができるのだ。雌が雄をめぐって争うことはほとんどないが、選択をするのは雌のほうだ。雌が求めるパートナーは、強く健康で、いちばんいいなわばりをもっている雄や、もっとも目をひくディスプレイをする雄だ。

ディスプレイのあいだ、首の羽毛は逆立ってふくれている

ハイジャンプ

ヒメノガンは開けた草原に生息し、ふだんは草のあいだにかがんで身を隠している。だが繁殖期になると、雄はレックに集い、足をばたばたさせて空中にジャンプする。派手なディスプレイに引き寄せられた雌がやってきて、いちばん印象的な雄を選ぶ。

最高位をかけた闘い

水たまりのすぐそばで、ライバルの首にかみついて痛手を負わせるサバンナシマウマ。雄の闘いでもっとも危険なのはねらいを定めたキックで、特に四肢にキックが入った場合は最悪だ。足を痛めたシマウマは、やがて捕食者の餌食《えじき》にされてしまう。もっとも強い雄が、最大6頭の雌からなるハーレムを率《ひき》いる。ハーレムは子どもが産まれたあとも維持される。状況によっては、複数のハーレムが集まって大きな群れができることもあるが、その場合でもハーレム内のつながりは維持される。

あずまやのアーチは高さ45cmにもなる

芸術的センスで魅惑する

ニワシドリの雄は立派な建造物で雌にアピールする。何百本もの小枝をていねいに組み上げ、あずまやをつくるのだ。このオオニワシドリの雄（右側）は、完成したあずまやを貝殻で装飾した。さっそく雌がやってきて、中からあずまやを吟味している。交尾がすんだら、雌は飛び去って雄の助けを借りずに巣をつくる。

なわばりの主張

繁殖のためだけになわばりをつくるものもいるが、子どもが育つには十分な空間と食物が必要だ。さて、この雄のアマガエルはなわばり防衛中である。熱帯多雨林の林冠《りんかん》、地上からはるか離れたアナナスの葉にたまった雨水は、世界でいちばん小さななわばりといってもよいだろう。雄は繁殖期特有の声で鳴いて雌を引き寄せる。すると雌がやってきて、この水たまりに産卵するのだ。

素敵なお召しもの

扇型のトサカとオレンジ色の羽毛をまとったイワドリの雄が、華々しいショーをくり広げている。繁殖期には雄は林床のレックに集まり、気取った様子で歩き、ジャンプし、鳴く。ときには頭をぶつけて激しく翼をぶち合わせることもある。やってきた雌は雄を選んで交尾し、飛び去ってどこか別の場所でヒナを育てる。

首にひどい傷を負った雄は競争からおりるしかない

儀式的な闘い

暴力的な争いを避けて儀式的な闘いを行い、優位の雄を決める動物もたくさんいる。儀式的な闘いでは強い雄が自分の優位を主張する一方、負けたほうには降伏するチャンスがある。

もつれ合うクサリヘビ
クサリヘビの雄が競争相手と地上でもつれ合い、かまくびをもたげては相手を押しつける。何度もくり返すうちに片方が降参して闘いが終わる。

カエルのレスリング
ヤドクガエルはなわばり意識が強い。雄は勝ち抜き戦で侵入者を撃退する。前肢でがっちり組み合う様子はレスリングのようだ。雌どうしも、いちばんいい産卵場所を確保しようとして争う。

見合って見合って
雄のトビメバエの目は、極端に長く伸びた細い柄《え》の先についている。雄どうしが出会うと、向かい合ってたがいに目のサイズを測り合う。柄の長い（つまり目が離れている）ものが勝ち。

求愛の贈りもの

ヨーロッパハチクイは、食物の贈《おく》りものでつがいを形成する。この雄はパートナーにチョウを差し出している。空を飛んで捕まえてきたものだ。雌《メス》のふるまいも、雄《オス》のこの行動を引き起こす要因の1つになっている。雌はくちばしを開いて羽ばたき、食物をねだるのだ。これはヒナを模倣《もほう》した行動である。求愛中、雄は雌に毎日何十匹もの虫をプレゼントする。雌は卵を体内でつくり、産むためのエネルギーを手に入れることになる。

いざ、繁殖

繁殖《はんしょく》は動物の一生のなかでとても重大な出来事だ。それがないと次の世代が生まれてこないのだから。だが生きものは生まれつき用心深いもので、繁殖行動に入る前にはその用心深さを克服しなくてはならない。そのために行われるのが求愛の儀式である。求愛によって、雌雄《しゆう》はチームのなかまのように協力体制をつくりあげる。きずなが形成されてつがいとなれば、繁殖行動を行うことができる。水中でくらす動物の多くは、まず雌《メス》が産卵して雄《オス》はそれに精子をかける。陸上の動物は交尾《こうび》を行って雄が精子を送り込み、雌の体内で受精が行われるのが普通だ。その後、雌は卵か子どもを産む。

いちかばちか、命をかける

雄のジョロウグモが、細心の注意を払いながら自分より何倍も大きな雌に向かっていく。雄は巣の糸をひっぱり、一種の暗号のような信号を送って自分の訪問を知らせる。うまくいけば、雌は雄をえさ扱いするのをやめる。もし攻撃《こうげき》されたら、雄はすぐさま糸を伸ばして巣から飛び降り、身の安全を図らなくてはならない。

雄の腹部先端には
把握器《はあくき》があって、
雌をしっかりと離さない

体内受精

チョウの交尾では、雌雄がたがいに反対方向を向き、腹と腹をしっかりくっつける。雌雄のペアは、この写真のような状態を場合によっては1時間以上も続ける。その間、雄（左側）は雌の体内に精子を送り込んでいる。雌は、卵の受精準備が整うまで、受け取った精子を貯精《ちょせい》のうというふくろに貯めておく。

ダンスをしよう

鳥の多くは求愛ダンスをする。短くて単純なダンスもあるが、このカンムリカイツブリの場合は驚くほど複雑だ。雌雄のペアは、何種類かのダンスとディスプレイが組み合わさったものを湖面で行う。雄も雌も正しいステップでダンスしなくてはならない。すべてがうまくいけば2羽はつがいとなり、雌は雄に交尾を許す。

首振りダンス
求愛ダンスの始まりだ。まず双方が近づいて向き合い、首をぶんぶん振り、くちばしは上に向けたり下に向けたりする。

潜水《せんすい》と突進
それぞれ湖の底まで潜って水草をくわえ、水面まで浮上してくると、相手に向かって突進する。

水草贈呈《ぞうてい》の儀《ぎ》
足で激《はげ》しく水をかいて水上に立ち上がり、採ってきた水草を相手に差し出す。

粘液《ねんえき》に包まれて逆さづり

マダラコウラナメクジは雌雄同体で、雄であると同時に雌でもある。だが自家受精は行わず、パートナーを探す。2匹が出会うと粘液の糸をくり出してぶら下がり、生《せい》殖器官《しょくきかん》を伸ばす。2匹の生殖器官はからまりあって傘のようにも見えるかたまりになる。たがいに精子を与え合ったらお別れだ。そのあとはそれぞれどこかで卵を産む。

ペニスをからまり合わせて精子を交換し、たがいに相手の卵を受精させる

子だくさんのペア

逆さまに泳いでいるのはクマノミの雄で、パートナーが産んだ卵（鮮やかなオレンジ色をしている）に向けて精子を放出しているところだ。卵は岩にくっつけられている。これは体外受精という生殖方法で、雌が卵を産み落としたのちに、体の外で受精が起きる。受精が完了したら、ふ化するまで雄のクマノミが世話をする。ヒレで水を送り込んだり、卵を食べに来た捕食者を追っ払ったりするのだ。

ことが終わったあとは

つがいの形成があっという間に終わり、かつ身の毛もよだつような結末に至る場合もある。この雌のカマキリは交尾相手の雄を食べ始めたところで、頭からかぶりついている。雄は頭がなくても雌の体内に精子を送り込むのをやめず、みずからの体は雌にとっていい食料になるというわけだ。雄のカマキリみんながみんな、このぞっとする運命に屈するわけではない。なかには交尾後にうまく逃げおおせる雄もいる。

動物の家族

一生の始まり

ほとんどの動物では、受精卵から一生が始まる。受精卵は1つの細胞で、顕微鏡《けんびきょう》でなければ見えないほど小さいものも多く、必ずしも硬い殻《から》があるとは限らない。この細胞が出発点となって分裂がくり返し行われ、生物の体が少しずつつくられていく。ある程度のかたちができたものは「胚《はい》」と呼ばれる。哺乳類《ほにゅうるい》では、胚は母親の体のなかで育って、赤んぼうが生まれてくる。ほかの動物では、ふ化して卵から外界に出てきた瞬間《しゅんかん》から、自力で生きていかなければならないものが多い。

卵の殻は柔らかく、切れ目を入れれば穴を広げられる

子ヘビは卵歯を使って殻に何カ所か切れ目を入れる

孤独な誕生

子ヘビを産むヘビもいるが、ナミヘビ類は皮のような殻をもつ卵を産む。産卵されてから10週間後、子ヘビがふ化してくる。子ヘビの上あごの先には卵歯《らんし》というとがった歯のような突起があり、それで殻を切り裂いて出てくる。哺乳類や鳥類とは違い、このヘビは親から面倒をみてもらえない。ふ化した瞬間から、自分で何とかやっていかなければならない。

卵黄のうに含まれる卵黄が発生中のサメの栄養分となる

きんちゃくの中の発生

サメやエイの多くは、きんちゃくのようなかたちをした丈夫で繊維質《せんいしつ》の殻に包《つつ》まれた卵を産む。上の写真は太平洋沿岸にすむナヌカザメの卵だ。四隅にある巻ひげのような付着糸で、海藻《かいそう》にしっかりからみついている。サメの胚はこのなかで卵黄の栄養分をもとに発生する。

発生の進みかた

卵が産み落とされるよりもずっと前から、ニワトリの一生は始まっている。雌の体内で、1個の細胞である受精卵が分裂を始めて細胞の数を増やし、しばらくすると卵黄のう（卵黄の入ったふくろ）の上部にお皿をふせたような細胞の集まりができる。産卵はこのころだ。その後、胚は分化してさまざまな器官が作られていき、心臓が拍動《はくどう》を始める。胚は卵黄にたくわえられた栄養分を消費しながら急速に発生する。ヒヨコがふ化する準備が整うのは産卵後3週間目だ。

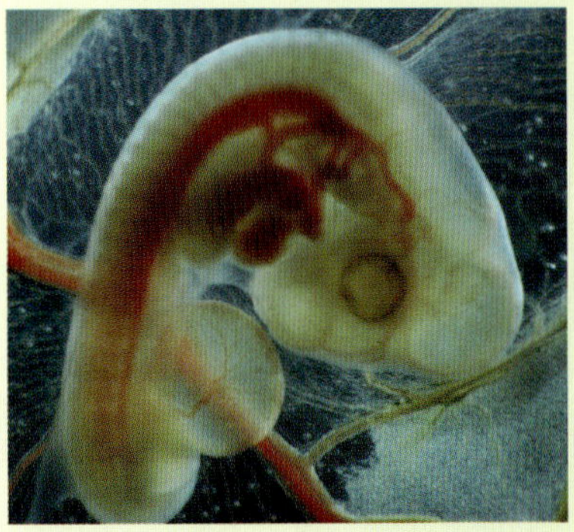

顕微鏡レベルの胚
ふ卵開始後3日目：頭と目ができ、将来、肢《あし》や翼《つばさ》になる突起《とっき》が見られる。心臓が拍動し、発生を続ける細胞に栄養分や酸素を送り込む。

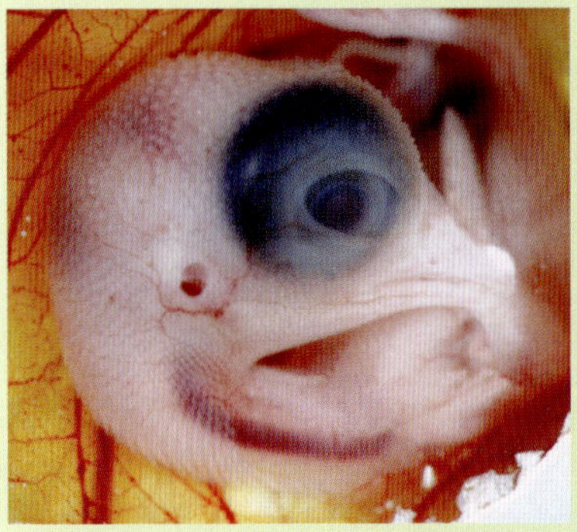

どんどん成長する
ふ卵開始後9日目：まだ羽毛は生えていないが、頭部が大きくなり肢もできてくる。胚が成長するにつれて卵黄のうはどんどん縮んでいく。

ヒヨコのかたちができる
ふ卵開始後19日目:ふ化まであとわずか48時間。もう羽毛が生えそろい、翼やよく発達した肢ができている。

ふたまたに分かれた舌で、
外の世界のにおいをかいで味わう

殻に穴があいてからも、
子ヘビは数時間ほど卵から
出てこないこともある

ついに、子ヘビが卵からすべり出し、
ひしゃげた殻をあとにする

親はお母さんだけ

雌《メス》のアブラムシが出産中だ。雄《オス》との交尾はしていない。これは昆虫では珍しくない繁殖《はんしょく》方法だ。春、食物が豊富にあるときは、雌は若虫を1日 10 匹も産むことがある。若虫は母親とまったく同じ遺伝《いでん》情報をもつクローンである。秋になると雄と雌のアブラムシが現れ、交尾して越冬卵を産む。

はらぺこイモムシ

イモムシは、小さいときから強力なあごを持っている。写真のイモムシはフクロウチョウの幼虫で、卵を食い破って出てきたところだ。早速、食物を探しに行こうとしている。ふ化後、卵の殻を食べてしまうイモムシも多い。殻はタンパク質豊富で栄養たっぷり、初めての食事にぴったりなのだ。

哺乳類の出産

心配そうな母親に見守られ、グアナコの子どもが世界に出てこようとしている。哺乳類のなかには、生まれてわずか数時間で歩いたり走ったりできるものもいる。グアナコもそうだ。それとは対照的なのがカンガルーなどの有袋類《ゆうたいるい》で、新生児はごく小さくて毛も生えておらず、目も見えず、生きのびるために母親のふくろの中で成長を続けなくてはならない。

カエルの恋

繁殖期《はんしょくき》も終わりに近づいた。ヨーロッパアカガエルの雄《オス》が数匹、浅い池で雌《メス》を待っている。ゼリーに包まれた卵が山と盛り上がり、カエルが小さく見える。もう産卵をすませた雌もいるのだ。1匹の雌はいっぺんに4,000個もの卵を産み、雌をうしろからしっかり抱えた雄が卵に精子をかける。受精は体外で行われるのだ。産み落とされたばかりの卵は小さいが、透明なゼリー層が水を吸ってふくれ、中で発生する胚《はい》を保護する。オタマジャクシがふ化してくるのは約1カ月後だ。

変態

動物は成長するにつれ大きさもかたちもある程度は変わっていくものだ。ところがなかには、子どもとおとなが完全に違うかたちをし、まったく別の生活をするものもいる。子ども（幼生《ようせい》）からおとな（成体《せいたい》）への変化は変態《へんたい》と呼ばれる。たとえばオタマジャクシがカエルになるときなど、段階を追って少しずつ進む変態も多い。だがチョウなど昆虫では、変態は短期間の急激な変化をともなう一大イベントである。体全体がどろどろのスープのようになり、新しい体ができあがってくるのだ。

完全変態

チョウのなかまはみな驚くべき変身をとげる。これを完全変態《かんぜんへんたい》という。写真はアカタテハの幼虫がさなぎになる様子だ。アカタテハは、はいまわるイモムシとして一生をスタートする。幼虫は4週間ほど貪欲《どんよく》に葉っぱを食べてくらす。その後、木の枝に体をくっつけてぶら下がり、さなぎになる。さなぎの中で幼虫の体は液状になり、細胞が再構成されて新しくチョウの体がつくられる。そしてついにはさなぎが割れ、しわくちゃの翅《はね》をもつチョウが現れいでる。

逆さまにぶら下がり、さなぎへの変化を始めた幼虫

つり下がったさなぎの中で変化が進む

チョウが出てきたあとも、
さなぎの殻《から》は
ぶら下がったまま
血液がすみずみまで
送り込まれると、
翅のしわがのびてピンとする

さなぎから出てきたアカタテハの成虫

左右非対称《ひたいしょう》

生まれたばかりのカレイやヒラメは海で泳ぎ、ほかの魚と同じように目はちゃんと頭の両側についている。ところが成長するにつれて体が平べったくなり、そのうち片側を下にして横たわり、海の砂に半分埋《う》まって生活するようになる。下になる面にあった目は、時間をかけて頭のてっぺんを横切り、もう1つの目と一緒に上になる面に並ぶようになる。

皮膚《ひふ》を取り替える

昆虫のなかには、外骨格《がいこっかく》を脱皮するたびに、かたちが微妙に変わるものもいる。幼虫は成虫と同じような体つきだが、翅は小さな突起《とっき》でしかなく、成虫にならないと空を飛べない。このキリギリスは最後の脱皮を終えるところだ。古い外骨格が割れ、出てくる成虫は完全にできあがった翅をもち、いつでも繁殖《はんしょく》可能だ。このように、あまり派手に変化しない成長のしかたは不完全変態と呼ばれる。トンボやゴキブリも不完全変態をする。

葉からぶら下がったままの
脱ぎ捨てられた外骨格

海を漂う若者たち

海では変態はよくある現象だ。無《む》脊椎《せきつい》動物の幼生には、海流に乗って漂っていくものが多い。数週間から数カ月かけて、幼生は少しずつ成長しかたちを変えていく。成体になるときに海岸や海の底に身を落ち着けるものもいる。

フジツボの幼生
ふ化したばかりのフジツボの幼生。赤く見えるのは目だ。羽毛のような触角を用いて、泳いだり食物を捕ったりする。

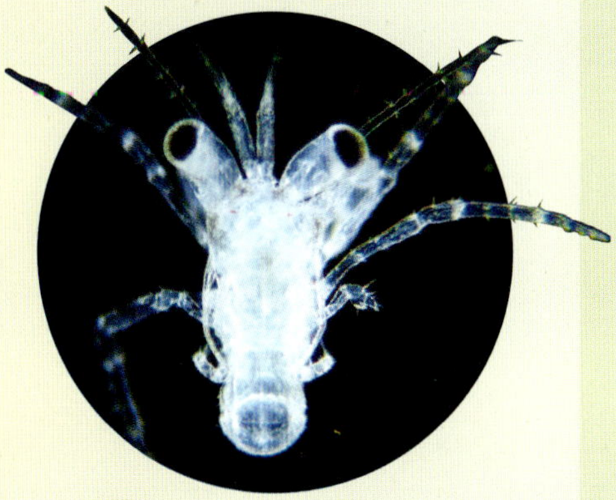

カニの幼生
おとなへの道もなかばにさしかかったカニの幼生。大きな目と強力な足をもっている。海の底にすみ、食物もそこで採る。

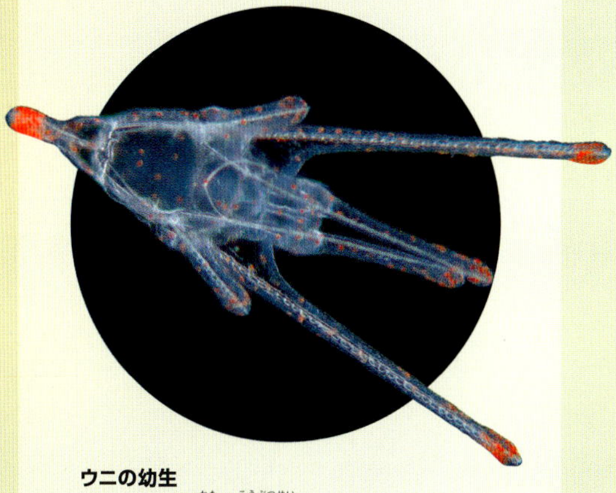

ウニの幼生
細長い腕は、硬《かた》い鉱物製《こうぶつせい》の骨片で強化されていて、ウニの幼生が海面近くを漂うときに役立つ。

水中から陸上へ

クシイモリは池に産卵する。ふ化した幼生は小さくほとんど透明で、羽毛のような外エラが生えているが四肢はまだない。その後4カ月かけて幼生は急速に成長し、体の構造も変化していく。エラが縮むと同時に肺ができはじめ、四肢がひょろ長く生えてくる。変態が完了すると、肺呼吸だけでなく皮膚呼吸も行い、陸上と水中の両方で生活できるようになる。おとなになって繁殖可能になるには、さらに数年かかる。

卵はゼリー質のつまったカプセルに入っている

産卵後12日目の胚

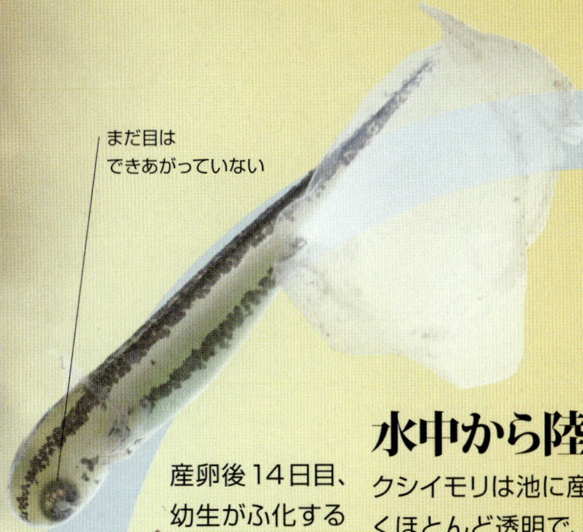
まだ目は
できあがっていない

産卵後14日目、
幼生がふ化する

四肢はひょろ長く、
まだ陸上を
歩くのは無理だ
外エラを用いて
水中で呼吸する

産卵後28日目の幼生。
四肢がかなり伸びてきた

後ろ足には指が5本

雄のクシイモリ。
池に戻って繁殖する

家を建てる

動物の世界には驚くほど才能のある建築家がいる。自分のために家を建てる場合もあるが、それ以上に大事なのは、子どもを守るための家をつくることだ。おちょこの中にすっぽりおさまってしまいそうなほど小さな家もある。だが、何世代もかけて人間の家を越えるほど大きな家をつくるものもある。そこまで大きくなると維持《いじ》するのもたいへんだ。動物たちは本能というあらかじめ組み込まれた行動にたよって、適切な材料を使い新しい家を建てる。

大邸宅

卵とヒナのために、毎年、巣をつくる鳥も多いが、ハゲワシのつがいは20年も同じ巣を使う。2羽は協力して木のまたに巣をつくり、毎年、新しい枝を加えていく。何年もかけて、巣は巨大なものになる。これまで見つかったもので最大級のものは、巣の下部から上まで6m、2階建ての家とほぼ同じ高さで、重さは1トン近かった。

ビーバーのロッジ

サンゴ礁以外では、動物のなかでいちばん大きな家をつくるのはビーバーだといってもいいだろう。ビーバーは木や枝を切り集め、石と泥も使って川にダムをつくる。500 mもの長さになるダムもある。ダムで水をせきとめて大きな池をつくり、池の中にロッジをつくれば安全だ。ロッジも枝を大量に積み重ねてつくったものだ。

ロッジの屋根は枝でおおい、泥で密閉《みっぺい》する
寝室は水面よりも上にある
重い石でダムを補強する
泥を塗りつけて水がもれないようにする
水中にある通路

巣が細い枝からつり下がっているのは、捕食者を避《さ》けるため

草の葉を編み込んで
丸い巣室《そうしつ》をつくる

持ち運びできる家

自分だけが入れる小さな家をつくって持ち運ぶ動物もいる。この小枝の束はミノムシ（ミノガのなかまの幼虫で、葉を食べて生活している）が作ったものだ。吐き出した糸で枝をしっかりつなぎ合わせたもので、昆虫を食べる鳥からカムフラージュ効果で身を隠すことができる。雄《オス》はそのうちミノから出てきてガになるが、雌《メス》は一生このなかにいるものが多い。

小枝など植物素材を並べた内側には、糸でつくったふくろがあって、ミノムシはそのなかに入っている

モデルハウス

メンガタハタオリの雄が、逆さまにぶら下がりながら、くちばしを使って巣に新たな葉を編《あ》み込んでいる。巣をつくるのは一から十まで雄の仕事で、弾力のある緑色の葉を集め、それを編んだり結んだりしてぶら下がる中空のボール状の巣をつくりあげる。雄は巣をつくるたびに上達する。巣ができあがると、雄は巣の下にぶら下がってばたばたと羽ばたく。自分とつがいになってこの巣に入ろうよ、と雌に誘《さそ》いかけているのだ。

巣穴の入り口

草の葉と毛でしつらえた寝場

地下迷路

穴を掘る昆虫は多いが、最大のトンネルを掘るのは哺乳類《ほにゅうるい》だ。ヨーロッパアナウサギは地下に穴を掘ってコロニーをつくる。たくさんの入り口があり、トンネルが何本もつながったもので、全長 250 mを越える。アナウサギは開けたところに出てきて草をはむが、巣穴から遠く離れることはめったにない。ちょっとでも危険だと感じたら、即座に安全な地下に身を隠す。

さまざまな建築資材

動物は身のまわりにある素材をそのまま使って家をつくることが多い。だがなかには、まず素材のかたちをととのえたり加工したりするものもいる。そのために口でかみ砕いたりだ液と混ぜたりする。そのほか、クモの糸やミツバチの蜜ろうのように、自分で分泌したものが建築用の素材にされることもある。

葉

オーストラリアのツムギアリは葉をつないでふくろ状の巣をつくる。多数のアリが並んで葉の位置を合わせておき、幼虫が吐き出す粘着質の糸でつなぎ合わせる。

泡

ハイイロモリガエルは木に登って粘液を分泌し、それをかきまわして泡立て、枝からぶら下がった巣をつくる。泡の中で卵が発生し、オタマジャクシになったら巣からのたくり出てきて池や川に落ちる。

粘土

シロアリには木の繊維《せんい》で巣をつくるものもいるが、もっとも大きな巣は粘土とだ液を混ぜてつくられるものだ。地上９mもの高さにそびえたち、地下深くにも通路が張りめぐらされる。

草

カヤネズミは、小さな体で草の葉を集め、細く裂いて編み込み、ボール状の巣をつくる。この巣は草の茎《くき》に固定され、地上 30cm の高さに浮いている。

木の繊維

スズメバチは、朽ち木の繊維をあごでかみ砕《くだ》いてだ液と混ぜ合わせ、糊《のり》のようなものをつくる。その糊をシート状に広げ、乾かして巣の壁をつくる。

子育て

生まれてから一度も親の姿を見ることがなく、自分でなんとかやっていかなければならない動物も多い。だが、親に世話をしてもらって安全にスタートできる動物もいる。親は子どもを捕食者から守り、食物のあるところまで連れて行ったりする。もっと進んで、子どものために食物を集めてきたり、さらには親が自分でつくった食物を与えたりするものもいる。普通は、雌だけあるいは両親が協力して子どもの世話をするが、雄が子育てをするものもいる。ダチョウや、口の中で子どもを育てる魚（マウスブリーダー）がそうだ。

ついておいで

巣から離れて父親のあとをついていくダチョウのヒナたち。食物のあるところを教えてもらいに行くところだ。ほかの家族と出会うと、合流して大きな集団になり、クレイシ（共同保育集団）ができることもある。クレイシには50羽以上のヒナがいて、優位な雄《オス》が監督する。

ふ化したばかりのクロコダイルの赤んぼう。巣から川まで運んでもらう

そっとくわえて

鋭い歯の恐ろしげな風ぼうにもかかわらず、雌《メス》のクロコダイルは子どもにこの上なく優しく接する。雌は川のそばに巣をつくって卵を埋《う》め、子ワニのふ化準備が整うまで、3カ月近くもすぐそばで待機する。子ワニがキーキー鳴き出すと、母親は巣を掘り返し、生まれたばかりの赤んぼうをくわえて水辺まで連れて行く。本能のおかげで、口を閉《と》じたり子どもを食べてしまったりすることはなく、赤んぼうは安全だ。

みんなでおんぶ

キタオポッサムは生まれたときから競争しなくてはならない。雌は乳首《ちくび》の数以上の子どもを産むからだ。育児のうを見つけて乳首に吸いつけるのは、強くてすばしこい赤んぼうだけだ。母乳を飲んで育った子どもは、生後２カ月ほどになると育児のうを離れ、母親の背中に乗って移動する。

茎をめぐるよう
にらせん状に
きっちりくっつけた卵

卵の保護は親の務《つと》め

昆虫の世界では親が子どもの世話をすることは珍しいが、このカメムシは例外で、自分が産んだ卵のかたまりを24時間ガードしている。子どもがふ化してきたら、最初の脱皮《だっぴ》がすむまでずっと一緒にいる。そのあと、若虫は自力で生きていかなければならない。

ハリモグラのおとな

単孔類《たんこうるい》の母乳

単孔類の繁殖《はんしょく》方法は独特だ。哺乳類《ほにゅうるい》なのに卵を産み、ふくろの中で子どもを育てる。子どもは母乳を飲んで育つが、ほかの哺乳類とは違って母親には乳首がない。そのかわり、ふくろ内部のくぼみの奥に乳腺《にゅうせん》があって、母乳が出るのだ。この奇妙な動物にはカモノハシとハリモグラ数種が含まれ、ニューギニアとオーストラリアにしかいない。

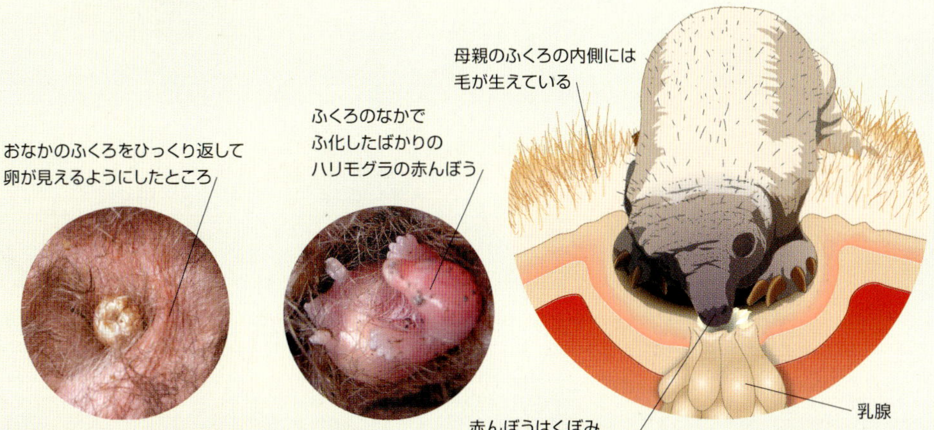
おなかのふくろをひっくり返して
卵が見えるようにしたところ
ふくろのなかで
ふ化したばかりの
ハリモグラの赤んぼう
母親のふくろの内側には
毛が生えている
乳腺
赤んぼうはくぼみ
の中のミルクを飲む

ハリモグラの卵
大きさはブドウ1粒ぐらいで卵黄は多く、皮のような殻《から》に包まれている。雌はふくろのなかで10~11日間、卵を温める。

ふ化直後
ハリモグラの赤んぼうは、鼻のさきにある鋭い突起で卵の殻を裂いてふ化してくる。目はまったく見えず、まだトゲも生えていない。

母乳を飲んで大きく育つ
赤んぼうはふくろのなかで55日ほど過ごす。ハリモグラには乳首がなく、赤んぼうはくぼみの奥から出てくる母乳を飲む。

カッコーに食物を与える養《やしな》い親。
だまされていることに気がつかない
カッコーは
どんどん成長し、
巣からはみ出るほどになる

たよれる大口

岩の割れ目から顔をのぞかせているのは、アゴアマダイの雄だ。アゴアマダイは海の中でも最高に変わった子育てをする魚で、口いっぱいに含んでいるのは卵である。雌が卵を産むと雄はそれを集めてほおばり、口内保育をするのだ。雄は1週間以上そのまま卵を守り、ちゃんと発生が進むように、新鮮な海水を送り込んで卵に酸素《さんそ》を供給する。ふ化するころになるまで、卵は口のなかに入れっぱなしだ。

卵の中では発生が進み、
黒い眼球が
外から見て取れる

托卵《たくらん》

自分で子どもを育てずに、ほかのものをだまくらかして全部おまかせ、という動物もいる。カッコウがいい例だ。カッコウは自分より小さな鳥の巣《す》に卵を産む。カッコウのヒナは巣でいちばん早くふ化して、ほかの卵や生まれたばかりのヒナを巣から押し出して落としてしまう。そのあとは、食物を独《ひと》り占めできるというわけだ。

心優しい巨人

ルワンダの火山国立公園の森のなか、マウンテンゴリラの子どもが母親に抱かれてくつろいでいる。大型霊長類《れいちょうるい》のなかでも最大のマウンテンゴリラだが、個体数は哺乳類《ほにゅうるい》のなかでもっとも少ない部類に入る。世界全体で 800 頭もいないのだ。マウンテンゴリラの繁殖スピードは遅い。雌《メス》は3～4年に1回、1頭の子どもを産む。子どもの成長も遅い。この子どもは母親が次に妊娠《にんしん》するまで、母親に密着《みっちゃく》して生活し、どの植物を食べ、寝るときにどうやって木に巣をつくるのかなど、生きていくために必要なことを教わる。

本能と学習

ふ化したウミガメは、まっすぐ海へ向かう。
また、ふ化したばかりのヒナは、まだ目も見えないのに親に食物をねだる。
どちらも本能によるものだ。本能は遺伝《いでん》的にプログラムされた
行動パターンであり、学習しなくても最初から身についている。
本能のおかげで、単純な生きものであっても驚くほど複雑な行動を見せる。
だがたいていの動物では、本能に加えて学習も重要な役割を果たしている。
知識と経験があれば何かするにもうまくいくし、
生き抜くために必要な技術を身につけることもできる。
なかには、学習によって、道具をつくり、使うなど、
新たな素晴らしい能力を得る動物もいる。

わき目もふらずまっしぐら

砂を掘って出てきたばかりのアカウミガメの子どもたち。捕食者に食べられてしまわないように素早く移動しなくてはならない。通常、ふ化は日没直後の海岸で行われる。本能に導かれて、子ガメたちは明るい方向、つまり水平線の太陽のほうへ向かう。だが不幸なことに、間違って海辺のホテルやバーなどの灯りのほうへ向かってしまう子ガメも多い。

給餌《きゅうじ》行動のひきがね

ふ化したばかりのコマツグミのヒナは自分では何もできない。親が巣を離れているあいだは、本能によってじっと静かにしている。だが、親がミミズなどをくわえて帰るやいなや、ヒナたちはくちばしを大きく開いてかしましく騒《さわ》ぎたて、食べものをねだる。すると、こんどは親の側の給餌本能が誘発《ゆうはつ》される。ヒナの口からのどにかけて、内側は鮮やかな色になっている。親鳥はその色に刺激《しげき》され、いちばん近くのヒナの口にミミズを押し込む。

知性のきらめき

チンパンジーは、現存する生物のなかで私たち人間にもっとも近い。チンパンジーは高い知性をもち、それを駆使《くし》してさまざまな道具をつくる。左側のチンパンジーは、自分のつくった掘り棒をシロアリの巣の穴に突っ込み、シロアリを釣りだそうとしているところだ。右側のチンパンジーはその様子をじっと見ている。おそらく、あとでまねをして食物を探すだろう。人間の目から見れば、このような学習はあたりまえのように思えるが、動物の世界ではなかなか珍しいのだ。

本能作動中

本能行動には、一連の手順からなるものが多い。それぞれは単純で簡単な行動だが、それが組み合わさると驚くほど複雑な行動のできあがりだ。だが、学習した行動とは違い、本能行動は型にはまっていてほとんど融通《ゆうずう》がきかない。たとえば、トックリバチはいつでも同じようなトックリ型の巣をつくるが、前もって計画を立てて先を見通しながら作業をしているわけではなく、新しい方法を開発することもない。

家に帰る
毎年、カッコウはヨーロッパとアフリカ間の長距離を移動するが、これは本能によるものだ。生まれて初めての旅でも、単独で飛んでいける。

じっと隠れる
ノロジカの子どもは産まれて数週間、たけの高い草の中に身を隠して捕食者を避ける。子ジカは本能によって完璧《かんぺき》にじっとしている。たとえ危険がせまっても動こうとしないほどだ。

子どもの食物を準備する
雌のトックリバチは、泥でつくったトックリ型の保育室に卵を産む。ふ化してきた子どもの食物としてイモムシを入れ、入り口をふさいだら完成だ。

道具を使う鳥もいる

石をくわえたエジプトハゲワシが、ダチョウの卵を割ろうとしている。石を使って食物を手に入れようとするこのハゲワシの行動は、本能にもとづいたものだ。ほかにも道具を使う鳥は数多くいて、驚くような工夫をしてみせるものもいる。カレドニアガラスはくちばしに棒をくわえ、丸太から虫をほじくりだす。針金を曲げてカギのようにするという行動も観察《かんさつ》されている。カレドニアガラスには先を考えて計画を立てる能力があるのだ。

遊びながら学ぶ

哺乳類《ほにゅうるい》の子どもは、格闘《かくとう》遊びを通して生き抜くうえで重要な技術を身につけ、また狩りに必要な体力をつける。この子ギツネたちは生後2カ月で、エネルギーがありあまっている。2匹はほとんどの時間、暴《あば》れまわって遊びながら一緒にすごす。巣のそばから離れることはない。格闘をしながら、社会的なグループのなかでどのようにふるまうべきなのかを学んでいく。格闘に勝ったものが優位に立つのだ。また、子ギツネは親と一緒に狩りに出かけることもあり、危険を避けて獲物をしとめるためにはどうしたらよいのかを学ぶ。

格闘遊びをして、
かみついたり
とっくみ合ったりする
子ギツネ

集団でくらす

一生のほとんどを単独で生活し、繁殖期《はんしょくき》だけつがいを形成する動物もいる。
だが、社会的な生活をする動物も多い。
大きな群れをつくって一緒にいるほうが得なことがある。
集団でくらすほうが普通は安全で、食物も見つけやすくなるからだ。
なかには、コロニーと呼ばれる高度に組織化された社会をつくり、
メンバーどうしがたより合っている動物もいる。
アリやスズメバチ、ミツバチなどがそうで、社会性昆虫と呼ばれ、
いずれも巨大な血縁《けつえん》集団をつくる。
社会性昆虫のコロニーは単一の繁殖雌《はんしょくし》、つまり女王が支配するものが多い。

ペンギン大集合

磯《いそ》に大集合したオウサマペンギン。おとなたちと、茶色くふわふわのヒナたちとがくっきりとコントラストをなしている。繁殖期には、南極海の島々で10万組ものつがいが巨大なコロニーをつくる。繁殖地は雪や氷を避けられるようになっていて、何世紀にもわたってペンギンが使い続けているところもある。

社会性昆虫

シロアリは巨大なコロニーをつくって生活する。コロニーは2500万匹もの個体からなることもあるが、すべて1匹の女王アリと王アリの子どもである。巣の中でシロアリたちは協力し、食物を確保しコロニーを守る。シロアリには複数の階級（カースト）があり、階級によってコロニーで果たす役割は異なっている。

卵を産む
シロアリの女王は巨大なソーセージのような腹部をもち、1日に何千個もの卵を産む。働きアリは女王に食物を与え、卵を育児室に運ぶ。

幼虫の世話をする
育児室で卵がふ化して幼虫（ニンフ）が生まれてくると、働きアリたちが世話をする。育児室は巣の奥深くに、細心の注意を払ってつくられる。

キノコを養殖する
自分の排泄物《はいせつぶつ》を利用して、地下にキノコの栽培室《さいばいしつ》をつくる働きアリもいる。排泄物に生えるキノコを世話し、コロニーの食料とするのだ。

コロニーを防衛する
兵隊アリは巣を守っている。強力なあごでかみつき攻撃《こうげき》をするものや、毒性《どくせい》の液体を吹き出すもの、糊《のり》のような粘着力《ねんちゃくりょく》のある物質を放出するものなどがいる。

女王バチを中心にしてつくられた蜂玉

新しい巣をつくるための飛行

巣の個体数が増えすぎると、ミツバチの女王は多数の働きバチを引き連れて巣を離れる。上の写真は、巣を離れたミツバチの大群が枝に止まって蜂玉《はちだま》をつくっているところだ。偵察役《ていさつやく》の働きバチが数匹、蜂玉から離れて新しく巣を作れる場所を探しに行く。よさそうな場所を見つけて戻ってきた偵察役は、蜂玉の上でダンスをし、ほかのハチにも自分の見つけた場所を検分《けんぶん》に行くように伝える。偵察役の大半が同意すれば、群れ全体がその場所へ向かう。

女家長は群れを水場へ率いていく

女王の座を守るのもたいへん

ハダカデバネズミは奇妙きてれつな哺乳類《ほにゅうるい》だ。社会性昆虫のように、単一の繁殖雌、つまり女王が支配するコロニーをつくるのである。女王はコロニーのなかでいちばん体が大きい。女王は最大3匹の雄と交尾し、子どもを産む。女王以外の雌は子どもを産まない。産まれた子どもたちは、兵隊デバネズミの役割をするようになるものもいるが、大多数は働きデバネズミとなる。働きデバネズミたちは、コロニーのために長い切歯《せっし》で地下に網の目のようなトンネルを掘り、植物の根やイモなどをかじり取る。

1回の出産で産まれる子は8～10匹
女王と交尾する繁殖雄は最大3匹
5～10匹の兵隊デバネズミが見張りをし、コロニーを防衛《ぼうえい》する
子どもを産み母乳で育てるのは女王1匹だけ
50~200匹の働きデバネズミがトンネルを掘り、食物を探し、女王と子どもの世話をする

みんなでいれば安全だ

サンゴ礁《しょう》を下に、うねるような渦《うず》を巻くスモールマウスグラント（イサキのなかま）の群れには、ほとんどの捕食者が惑わされてしまう。密集した固まりになり、あちらと思えばまたこちら、と素早く移動して攻撃《こうげき》を避《さ》けるのだ。たいていの魚の群れは、大きさや年齢、体色が同じような個体の集まりで、誰か1匹だけが目立ってしまうということがない。

集団内に受けつがれる記憶

伝説にもあるが、ゾウは記憶を長期間保つことができる。血縁集団が生き残るためにはなくてはならない能力である。このアフリカゾウの群れは雌と子どもたちで、女家長に率いられている。家長は体が大きく、群れで最高齢で、おそらく40歳以上だろう。家長は家族みんなの健康に責任をもち、最良の採食場所に群れを連れて行く。干ばつのときにはどこで水が得られるかも覚えている。家長が死ぬと、次に最高齢の雌が役目を引きつぐ。

動物の世界

動物の進化

最初の動物は顕微鏡《けんびきょう》でなければ見えないほど小さく、体のつくりも非常に簡単なものだった。長い長い時間をかけて、その子孫が、かたちも生活のしかたも異なる新しい種へと進化していった。進化によって生み出された動物の多様性に富むことといったら、まさに驚異《きょうい》的だ。極小の昆虫から巨大な恐竜《きょうりゅう》まで、さまざまな種類の動物が出現し、多くの種が絶滅《ぜつめつ》してしまったが、いまも多数の種が繁栄《はんえい》している。

尾で枝をつかんで体を固定し、獲物を襲《おそ》う

枝をつかめる足は、樹上生活への適応《てきおう》だ

過去をたどる

絶滅した動物のことを知る手段として化石《かせき》の研究がある。化石を調べれば大昔の動物の姿かたちがわかる。さらに、生活のようすまでも化石から判明する。動物の死体などが長い時間をかけて石に置き換わって形成されたのが化石である。

外骨格《がいこっかく》の化石
硬《かた》い体の動物は化石になりやすい。この化石は絶滅した三葉虫で、海の底の堆積物《たいせきぶつ》のなかに埋《う》まっていたものだ。

足跡《あしあと》の化石
動物が残した足跡が化石になることもある。この3本指の足跡は、獣脚類《じゅうきゃくるい》という肉食恐竜のものだ。

骨格《こっかく》の化石
骨も化石になりやすいが、完全な全身骨格はよほどの幸運でもないかぎり見つからない。これはパラサウロロフスという恐竜の骨格だ。頭のうしろにトサカのような長い突起が伸びている。

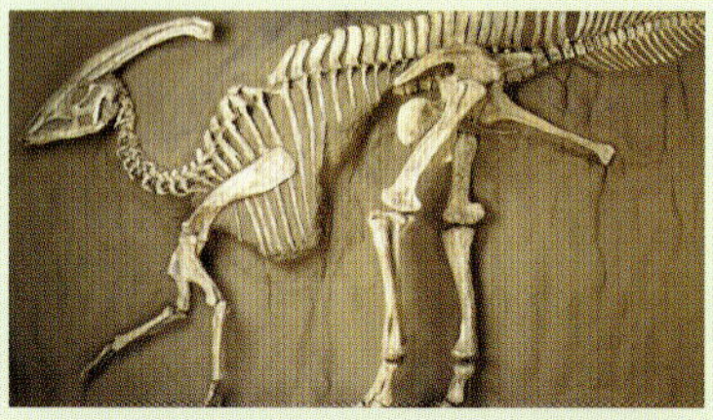

冷凍保存
永久凍土《とうど》のなかに全身がまるごと凍って保存されていることもある。これはシベリアで見つかったマンモスの赤んぼうだ。

琥珀《こはく》に捕らえられた昆虫
この昆虫は樹木から流れ出る粘着性《ねんちゃくせい》の樹脂《じゅし》にはまって身動きできなくなったものだ。樹脂は昆虫を閉じ込めたままゆっくりと化石化し、琥珀ができる。

進化の道筋

科学者たちは現生の動物と化石を研究し、進化の道筋をたどろうと試みている。この系統樹（分岐図）は霊長類《れいちょうるい》の進化を表したものだ。下の線の黒丸は、その時点での新しい適応（いずれも数百万年の年月をかけてできあがったもの）を示している。各黒丸の適応は、それ以降の動物群すべてに共通して見られる。

動物の種

科学者が同定した動物は約200万種にのぼり、それらは大きく30の分類群(門)に分けられている。写真はオオハシ類で、脊椎動物門(背骨をもつ動物)に属する。オオハシはどれも似たような体型をしていて、大きなくちばしをもつ。よく似ているのは、共通の祖先から進化してきたからである。だが、それぞれの種は特有の色彩パターンをもち、同じ種どうしでつがいをつくるのが普通だ。もし近縁種《きんえんしゅ》間で交雑が起こったとしたら、両者の特徴は混ざってしまうだろう。

オニオオハシは最大のオオハシだ。ほかのオオハシとは異なり、樹木がまばらに生える開けた土地を好んで生息する。

シロムネオオハシは2番目に大きなオオハシだ。南米の熱帯多雨林に広く分布している。

ヒムネオオハシはシロムネオオハシとよく似ている。このオオハシも南米の熱帯多雨林にすんでいる。

チョコキムネオオハシは南米西部の森にすむ。高いアンデス山脈によって、ほかのオオハシ類から隔《へだ》てられている。

動物の適応《てきおう》

枝から身を乗り出し、望遠鏡のように伸びる舌でコオロギを捕まえたパンサーカメレオン。カメレオンはトカゲのなかまではあるが、一般的なトカゲとは違って樹上生活向きの特徴をたくさん備えている。このように、何か役立つ特徴を手に入れることを「適応する」といい、生物は適応をくり返しながら進化していく。動物の姿かたちや行動、生理的な機能などは、適応によってつくりあげられたものだ。適応のなかには大成功につながったものもある。たとえば4億5千万年以上前に出現した脊椎《せきつい》動物の内骨格《ないこっかく》がそうだ。昆虫の翅《はね》も同じくらい古くからある成功した適応の例だ。脊椎動物と昆虫は、それぞれ内骨格と翅のおかげで、地球上の動物のなかでももっとも成功したグループとなったのである。

長くねばねばした舌を伸ばし、隣の枝にいるえさでもキャッチできる
コオロギの動きは遅すぎて、カメレオンの舌をかわせない

新世界ザル
旧世界ザル
テナガザル
大型類人猿《るいじんえん》と人間
・顔の表情筋が発達し、唇《くちびる》を前方に突き出すことができる
・乳首は胸に1対だけ
・2本の前臼歯《ぜんきゅうし》
・近接した左右の鼻孔《びくう》
・手足の指の爪《つめ》はすべてカギ爪ではなく平爪
・高度の可動性をもつ肩関節
・ある程度の時間なら二足歩行可能
・直立あるいは直立に近い姿勢に適した骨格
・大きくなった脳

無脊椎動物

動物の大半を占めるのは無脊椎《むせきつい》動物だ。無脊椎動物には背骨がなく、驚くほどさまざまなかたちのものがいる。全部で何種いるのかはわかっていないが、10,000,000種以上にはなるだろうと考えられている。

海綿動物

カイメンは単純なつくりの動物で、おもに海にすむ。ミネラルの結晶とタンパク質繊維《せんい》からなる骨格を備えている。表面にたくさん開いた穴から水を吸い込み、水中の微粒子をこし取って食物としている。最大で高さ2m以上になり、100年以上生きているものもいる。

カイメンの側面にある穴から水が入り、管状になった内部を流れ、てっぺんから出て行く。

扁形《へんけい》動物（ウズムシ、サナダムシなど）

扁形動物は薄く平べったい体をしていて、血液も心臓もない。水中や陸上の湿ったところにすんでいるものが多いが、寄生虫としてほかの動物体内に生息するものもいる。

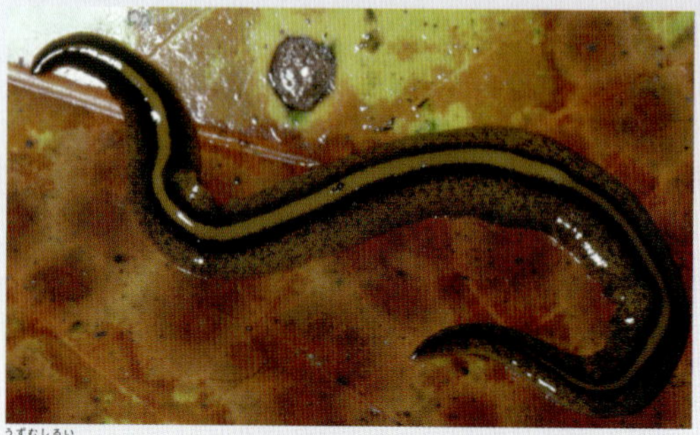

渦虫類《うずむしるい》は寄生虫ではなく自由生活をし、ほかの動物を捕食したり死体を食べたりする。長さは最大で60cm。陸上では、はって移動する。

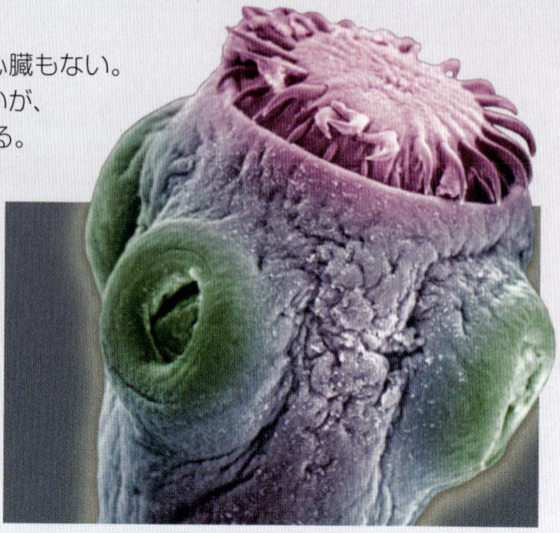

サナダムシは寄生虫で、リボンのような体をしている。頭部にある吸盤《きゅうばん》やカギで、脊椎動物の腸内にとりつく。

刺胞《しほう》動物（クラゲ、イソギンチャク、サンゴなど）

いずれも単純な構造の動物で、刺胞のある触手《しょくしゅ》が体の中央にある口のまわりに生えている。クラゲとイソギンチャクはふつう捕食者だ。造礁《ぞうしょう》サンゴの体内には顕微鏡《けんびきょう》レベルの大きさの藻類《そうるい》が含まれていて、サンゴは食物の一部を藻類に供給してもらっている。

クラゲは、釣鐘《つりがね》あるいは傘型《かさがた》の体に細長い触手が生えている。ある種のクラゲは体内に藻類が共生していて、上下逆さまになって海を漂っていることが多い。

イソギンチャクは海底にすむ。鮮やかな色をしているものが多く、刺胞をしこんだ長い触手が生えている。基部は吸盤のようになっている。

ソフトコーラル（ウミトサカ）の体は柔らかいが皮のように強い。コロニーをつくり、枝のように広がったかたちになる。

造礁サンゴのコロニーは、炭酸カルシウムの硬い骨格でできている。骨格の中には小さなカップ状のくぼみが多数あり、それぞれに小さなイソギンチャクのような動物が入っている。

線形動物（センチュウ、カイチュウなど）

扁形動物や環形《かんけい》動物の多様性に比べ、線形動物はどれも同じように見える。断面は円形で体節はない。皮膚《ひふ》は丈夫なクチクラ層からなり、頭と尾は先細りになっている。水中や湿った環境なら、どこにでも線形動物が見られる。寄生虫《きせいちゅう》として動物や植物に取りつくものも多い。

寄生性の線形動物。体を巻いたり伸びたりくねらせながら移動する。

環形動物《かんけいどうぶつ》（ミミズ、ゴカイなど）

環形動物にはさまざまなかたちのものが含まれるが、いずれも、体節という同じ構造のくり返しで体ができている。土に潜《もぐ》るもの、はうもの、泳ぐものがいる。寄生性のものもいる。

この巨大なチューブワーム（ハオリムシ）は、深海底の熱水噴出口のまわりだけに生息する。最大で長さ 2.4m にもなる。

ミミズは体節を順次伸ばしたり縮めたりして、土壌や落ち葉のあいだを移動する。

ゴカイは捕食性で、体の両脇にあるいぼ足を使ってはったり泳いだりする。頭に多数生えている毛は感覚器官だ。

ケヤリムシは管の中にすみ、触手を頭上に広げ、水中の食物をこし取って食べる。触手は管の中に引っ込めることができる。

コガネウロコムシには、ふさふさした虹色に輝く毛が生えている。海底の土に潜って獲物を探す。

棘皮動物《きょくひどうぶつ》（ウニ、ヒトデ、ナマコなど）

ヒトデやウニなどは棘皮動物と呼ばれる。トゲや突起でおおわれた海の生きもので、体は五角形を基本とした五放射相称《ごほうしゃそうしょう》である。腕をヘビのように動かしたり、トゲを動かしたり、管足《かんそく》という水圧式の小さな足を使ったりして移動する。

ヒトデ類のがんじょうな腕の下側には、何百という管足が生えている。ヒトデの獲物になるのは、サンゴや二枚貝など、動きが遅いものや固着生活している動物だ。

クモヒトデの腕は細長くてよく動く。海底でくらし、この腕を使って死体のくずをキャッチして食べる。

ウニ類は岩礁にすみ、藻類やサンゴを食べる。炭酸カルシウムでできた殻で包まれ、たくさんのトゲが生えている。

海底にすむナマコ類は、口のまわりに生えた触手で食物を集める。

原索動物《げんさくどうぶつ》（ホヤなど）

ホヤの成体《せいたい》はつぼのようなかたちをしていて、微粒子をこし取って食べている。幼生《ようせい》はオタマジャクシのような姿で、尾には脊索《せきさく》という棒状のしんが入っている。脊索ができることから、脊椎動物に近縁《きんえん》だと考えられる。

ホヤのがんじょうな皮膚には穴が開いていて、そこから水を吸い込んで吐き出す。群体をつくることも多い。

軟体動物

軟体動物《なんたい》は90,000種以上からなり、多様性に富むことは無脊椎《むせきつい》動物で1、2を争う。いちばん目立つ特徴は貝殻をもつことだ。殻《から》をもたない軟体動物もいるが、殻のあるものについては、殻は攻撃《こうげき》から身を守ってくれる。典型的な軟体動物は、はって移動するが、イカやタコなど、素早い身のこなしで泳ぐものもいる。

多板類《たばんるい》（ヒザラガイ）

ヒザラガイには板状の殻が8枚あって、蝶番式《ちょうつがいしき》につながっている。殻のまわりには筋肉質の外とう膜が広がる。下側の吸盤《きゅうばん》のような足で、岩にぴったりはりついている。ヒザラガイは海でくらし、おもな食物は藻《そう》類《るい》だ。カタツムリと同じく、リボンのような舌（歯舌《しぜつ》）で藻類を削り取って食べる。歯舌には細かい歯のような突起《とっき》が無数に並んでいる。

磯の潮だまりにある岩に張りついたヒザラガイ。左下が頭だ。

腹足類《ふくそくるい》（アワビ、カタツムリ、ウミウシなど）

巻貝とそのなかまが含まれる。くるっと巻いた殻をもつものが多い。
殻は外とう膜（体のいちばん外側の層）から分泌《ぶんぴつ》された物質がもとになってできる。
吸盤のような腹面を使って移動するので、腹足類と呼ばれる。
海にいろいろな種類がいるが、陸上でくらすものも多い。

アワビは岩礁《がんしょう》で藻類を削り取って食べる。貝殻の内側には虹色の光沢があるので、宝飾品の材料として利用される。

カタツムリの1対の目は伸び縮みする触角《しょっかく》の先にある。外とう膜の中にある空間を肺のように使って、空気呼吸をしている。

ナメクジも陸上でくらす。殻をなくしたように見えるが、体内に小さな板状の殻が残っているものもある。

アサガオガイは粘液《ねんえき》を分泌して泡《あわ》をつくり、それをいかだのように用いて海を漂っていく。貝殻は紙のように薄い。

ホラガイは熱帯の海にすむ大きな巻貝で、貝殻は分厚く重い。サザエなどには殻口にはまる丸い蓋《ふた》があるが、ホラガイの蓋は細長くとがっている。移動するときは蓋を砂に突き立て、それを軸にしてジャンプする。

カサガイは波しぶきのかかる岩礁にすんで藻類を食べる。吸盤は強力で、殻は円すい状だ。

タカラガイの殻は卵形でつやつやしている。タカラガイは、外とう膜をぐっと伸ばして殻をおおってしまうこともできる。殻にも外とう膜にも鮮やかな模様がある。

ウミウシには殻はなく、海底ではって生活している。目のさめるような色をしたものが多く、花びらのようなエラと角が生えている。

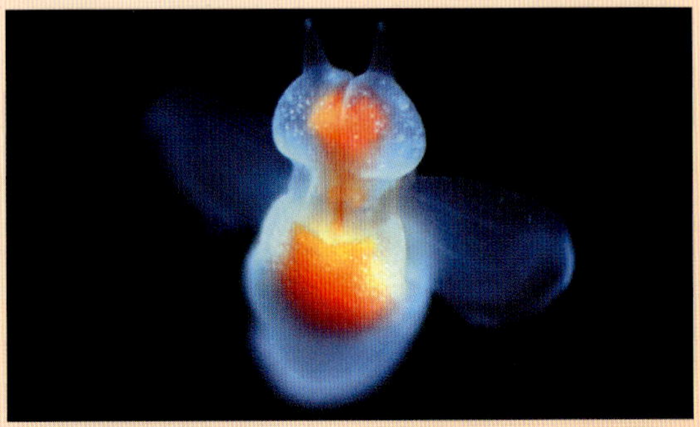

ハダカカメガイ（クリオネ）は海にすむ巻貝のなかまだ。左右に広がって1対の翼のようになった腹足（翼足《よくそく》）で羽ばたいて泳ぐ。

二枚貝類（ホタテガイ、イガイなど）

二枚貝の貝殻2枚は蝶番《ちょうつがい》でつながっている。危機に襲われた二枚貝は、殻をしっかり閉じて中に閉じこもる。引き潮時に海岸に取り残されたような場合をのぞき、二枚貝はずっと水中でくらす。二枚貝のほとんどはフィルターフィーダー（ろ過摂食者）だが、シャコガイの模様のある外とう膜のふちには、微細な藻類がすんでいる。シャコガイはこの藻類から多少の食物を得ている。

サンゴ礁でくらすシャコガイは、さしわたしが最大 1.2m にもなる。

トリガイは海の二枚貝で、筋肉質の足を使って海岸近くの泥に潜《もぐ》る。

ホタテガイは二枚の殻をカスタネットのように打ち合わせて泳ぐ。開いた殻のすぐ内側には上下2列の目がずらりと並ぶ。

マテガイの殻は細長く角張っていて、素早く砂や泥を掘って潜り込める。

ムラサキイガイは弾力性《だんりょくせい》のある丈夫な糸で岩に固着する。いちどくっついたら永久にそこから動かない。

カキは河口やラグーン（潟）にすむ。泥の上に集団で生息し（カキ場）、一生そこから動かない。

頭足類《とうそくるい》（タコ、イカなど）

頭足類は動きが素早く賢《かしこ》い捕食者だ。吸盤のついた腕をもち、水をジェットのように噴き出して泳ぐ。イカはそれに加えてヒレを波打たせて推進力を得る。オウムガイにはらせんに巻いた殻があるが、それ以外の頭足類では体の内部に殻があったり、あるいは殻がまったくなかったりする。海にすみ、ときにはものすごく深いところにいる。

外洋にすむイカのなかには、体長 10m 以上にもなる巨大なものがいる。脅威《きょうい》に直面したときボディ・ランゲージを用いてなんとか対処しようとするものもいる。

コウイカは体色変化のエキスパートだ。2本の長い触手を打ち振って獲物を捕まえる。

タコの頭は足のつけね付近で、ここに大きな脳と鳥のくちばしのようなあごがある（「頭」といわれる部分は頭ではなくて胴体で、内臓が入っている）。8本の腕は、皮膚の膜で根元がつながっている。この膜を帆のように用いて海底近くの水の流れに乗るものもいる。

オウムガイには最大90本の短い触手《しょくしゅ》がある。殻の中にはガスが満たされた部屋があり、浮力を保つ。

節足動物

節足動物《せっそく》には節のある脚が生えていて、外骨格《がいこっかく》でおおわれている。無脊椎《むせきつい》動物のなかで圧倒的に種類の多いグループで、特に昆虫が優勢《ゆうせい》だが、それ以外にも、陸上や水中にすむさまざまな動物が含まれている。

体の前半部の丸いこうらと後半部のこうらとは、蝶番式《ちょうつがいしき》につながっている。

カブトガニ類

カブトガニは、名前とはうらはらに、カニよりもクモのほうに近縁だ。よろいのような外骨格をもつこの動物には、背中のこうらに隠れて見えないが、歩脚が5対ある。歩脚《ほきゃく》の先ははさみのようになっていて、それで海底を掘って動物をつまみ出して食べる。現生の種はわずか4種しかいない。

甲殻類《こうかくるい》

巨大なロブスターから微細なミジンコまで、甲殻類にはさまざまな種類がいる。ほとんどは水中で生活している。外骨格はカルシウムで強化され、硬い殻《から》になっている。

ロブスターは強力なカギ爪で海底の貝を割り開く。

カニ類は2本のはさみで海岸や海底をあさり、生きものの死体やゴミを食べる。カニの体は二つ折りになっていて、幅広い背中のこうらの腹面に尾の部分が張りついている。

オキアミは外洋で大規模な群れをつくっている。エビに似たフィルターフィーダー（ろ過食動物）で、ヒゲクジラ類の食物として重要だ。

エボシガイは成体になると岩や漂流物に固着するフィルターフィーダーだ。硬い殻から脚を外に出してえさをこし取る。

ミジンコは枝分かれした触角《しょっかく》をむちのように振って泳ぐ小さなフィルターフィーダーで、淡水でよく見られる。

陸上にすむダンゴムシはドーム型の体をし、脚は7対ある。枯《か》れ葉や枯れ枝を食べて生きている。

クモ形類（クモ、サソリなど）

クモやサソリのなかまは陸上で生活するものが多く、脚は4対ある。ほとんどが肉食性で、キバや針で毒液《どくえき》を注入するものが多い。このなかまのなかではクモ類がいちばん数が多く、ダニ類がそれに続く。

サソリは地上で生活する捕食者で、はさみと毒針《どくばり》が武器だ。

いかにも毒々しい見かけだが、ヒヨケムシには毒はない。強力なはさみのような鋏角《きょうかく》で獲物を殺し、ずたずたにする。

コガネグモ類は糸をらせん状にめぐらせて平たい網を張る。トゲのあるものや、派手な警告色《けいこくしょく》のものもいる（写真はトゲグモ）。

タランチュラは巨大なクモで、地上や樹上で、おもに触覚《しょっかく》にたよって狩りをする。

小さな体に優れた視覚を備えたハエトリグモは、宙を跳《と》んで獲物にとびかかる。狩りをするのは日中だ。

小型のダニにはハウスダストを食べるコナダニなどがいる。コナダニは家のほこりの中の皮膚《ひふ》の破片を食べるスカベンジャーで、顕《けん》微鏡《びきょう》でないと見えない程度の大きさだ。

ダニは吸血《きゅうけつ》寄生虫だ。これは雌雄《しゆう》のつがいで、血をたらふく飲んでふくれた雌の上に、小さな雄が乗っている。

ウミグモ類

ウミグモには陸上のクモと同じく脚が８本あるが、両者はそれほど近縁《きんえん》ではない。ウミグモの頭は小さく、極限まで細くなった体から長い脚が伸び、脚の先端はカギになっている。浅い海でよく見られるが、深海底で生活する種類もいる。

ウミグモは海藻《かいそう》や岩、サンゴによじ登り、動物を捕まえて食べたり死体を食べたりする。

トビムシ

トビムシは昆虫にごく近縁な生きものだ。脚は6本で翅《はね》はない。ちょっかいを出されると、管状の尾をぶんと振り、そのはずみで空中に身を躍《おど》らせる。トビムシ類はほとんどが小さい。積もった落ち葉のあいだ、木や草の表面、池や水たまりの水面などによく見られる。

トビムシのなかには植物の表面をかじって食べるものがいて、作物に深刻な被害を与えることもある。

ムカデ類

ムカデの体はたくさんの体節からできていて、それぞれの体節には脚が2本ずつある。肉食である。平べったい体は狭いすきまに入りこんで獲物を探すのにぴったりだ。

ゲジは細長く伸びた脚をぶんぶん動かして、ものすごいスピードで進む。世界各地の人家でよく見られる。

たいていのムカデには、頭の左右に1対の毒爪《どくづめ》があって、獲物を殺すのに使う。

ヤスデ類

ムカデと違い、ヤスデの体は円筒状で、それぞれの体節に脚が４本ずつ生えている。脚の総数は種によって異なるが、少ないもので50本足らず、多いもので700本以上だ。腐敗《ふはい》中の植物体を食べる。

ヤスデの外骨格はミネラルで強化されていて硬いが、防御方法はそれだけではなく、くるんと丸くなったり、いやなにおいのする毒物を分泌《ぶんぴつ》したりもする。

昆虫類

昆虫は、これまで同定されているだけでも800,000種以上あり、節足《せっそく》動物最大のグループだ。
成虫には6本の脚と、通常は2対の翅《はね》がある。
昆虫は成長するときにかたちを変える。
これを変態《へんたい》という。
昆虫の変態には完全変態と不完全変態がある。

トンボ類

トンボの成虫は空中で昆虫を捕まえる（イトトンボは止まって獲物を待つ）。食物を求めてパトロールしたり、高いところから見張り、ねらいを定めてとびかかったりする。トンボの若虫は水中で捕食生活をする。若虫も成虫も、折りたたみ式になったあごを前方に振り出して、獲物を引っつかまえる。

たいていの昆虫は、止まっているときは翅をたたむが、イトトンボ類以外のトンボは透明な翅をいつも広げたままだ。

不完全変態をするグループ

不完全変態をする昆虫は、一生を通じてかたちがあまり変わらず、若虫は親と同じようなかたちをしている。違うのは、成虫が空を飛べる翅をもつのに対して若虫には小さい突起《とっき》のような翅芽《しが》しかないところだ。脱皮をするたびにこの翅芽は少しずつ大きくなる。最後の脱皮を終えた若虫は成虫になる。若虫と成虫は同じような環境にすみ、同じものを食べていることが多い。

バッタには丈夫な前翅《ぜんし》があり、後翅《こうし》もりっぱなものがあるが、捕食者に襲《おそ》われると強力な後脚でジャンプして逃げるのが普通だ。

キリギリスの触角《しょっかく》は糸のように細長く、体よりもずっと長いこともある。

ハサミムシの腹部の先にはカーブしたはさみがついている。後翅はがんじょうな前翅の下にたたみ込んでいる。

ナナフシはカムフラージュして森の下生えの中に身を隠している。びっくりするほど小枝そっくりだ。

ゴキブリは振動を感じ取って危険からいち早く逃げ出す。体が平べったいのですきまに入り込みやすい。

シロアリは巨大なコロニーをつくって手の込んだ巣を建築する。木を食べる種は、消化するのに腸内バクテリアの助けを借りる。そのほかの種は、草原のグレーザー（74ページ参照）として重要だ。

カマキリはほかの昆虫を狩る。鋭いトゲの生えた前脚で、素早い一撃をかまして獲物を捕らえる。

カメムシと同じように、セミは針のような口器を植物に突き刺して、樹液を吸っている。雄の成虫は大音量で鳴く。

ツノゼミは植物に生えたトゲに変装して、こっそり樹液を吸っている。

タガメは獲物を前脚でしっかり固定し、注射針のような口器を突き立てて体液を吸いつくす。

完全変態をするグループ

少しずつ変化する不完全変態とは異なり、完全変態ではかたちが劇的に変化する。イモムシやウジムシなどと呼ばれる幼虫は、親とまったく似ていないのが普通で、翅はなく、脚が生えていないものもいる。幼虫は親とは異なる環境に生息し、えさも別のものであることが普通だ。幼虫が成熟すると、さなぎになって動かなくなる。さなぎの内部で、幼虫の体が解体されて成虫の体が構成されていく。

ゴライアスオオツノハナムグリは地球でいちばん重い昆虫で、100gにもなる。

テントウムシは鮮やかな色彩の甲虫で、アブラムシなどの樹液を吸う昆虫を食べる。

ゾウムシには5万近くの種がいる。いずれも、長い吻《ふん》の先にきゃしゃなあごがついている。

艶やかな金属色のものが多いコガネムシは植物食性だ。ジャガイモなどの作物も食べる。

どうもうなゲンゴロウは淡水中にすみ、後脚で泳ぐ。幼虫は英語では「ウォーター・タイガー（水中の虎）」と呼ばれる。

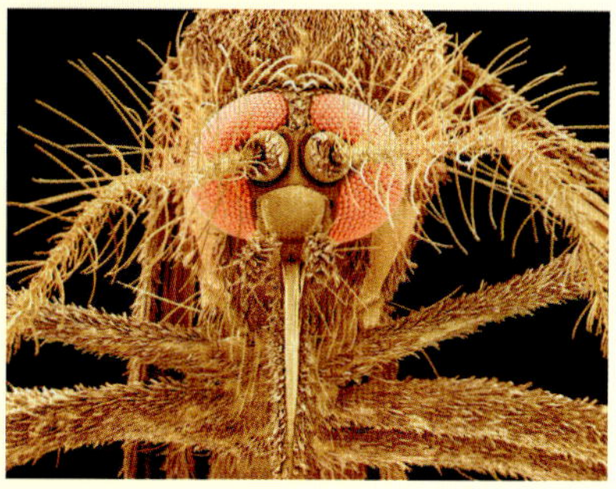

カは注射針のような口器で血を吸う。ハエやカには翅が2枚しかない。

イエバエは消化液を吐き出して食物にかけ、スポンジのような口器で溶けた食物を吸い上げる。

折りたたみ式の口器を伸ばして水を飲むアブ。この口器を獲物に突き刺して血を吸う。

ノミは哺乳類《ほにゅうるい》や鳥類に取りついて血を吸う。翅はないが、ジャンプ力に優れている。

スズメバチ類はすべて針をもつが、木をかみ砕いて手の込んだ巣をつくり、群れで生活する種は限られている。

マルハナバチは大型のハチで、花の蜜《みつ》と花粉をえさにする。体表をおおう毛はウロコが変形したものだ。

ミツアリの巣には蜜をためる役目のアリがいて、腹部は蜜で丸くふくらんでいる。

モルフォチョウの翅は大きく、きらめくような金属色だ。前脚は小さくブラシのようになっている。

スズメガは大きくて優れた飛行能力をもつ。翅は細長い。花の蜜を吸うものが多い。

ヨナグニサンは、翅を広げたサイズでは昆虫で最大で、28cmにもなる。

アゲハチョウもほかのチョウと同じように、長くくるんと丸まった舌で花の蜜を吸う。幼虫は嫌なにおいを出す臭角《しゅうかく》という突起を出して、捕食者を撃退する。

魚類

魚は淡水《たんすい》中や海水中で呼吸し、泳いで生活している。
魚は脊椎《せきつい》動物であり、頭骨《とうこつ》、肋骨《ろっこつ》、背骨《せぼね》などからなる内骨格《ないこっかく》がある。
酸素《さんそ》は水中からエラで取り出し、尾ビレや胸ビレなどを使って泳ぐ。
体の表面は丈夫なウロコでおおわれている。

無顎類《むがくるい》（ヌタウナギ、ヤツメウナギ）

ヌタウナギとヤツメウナギは細長くウナギのような体型で、ぬるぬるしている。あごがないのでかみつくことはできない。ヌタウナギとヤツメウナギは真の魚ではなく、厳密《げんみつ》には脊椎動物ともいえない。背骨がないのだ。だが頭骨はあって、現生のものとしては真の魚類にもっとも近いグループである。

ヤツメウナギの口は丸い吸盤《きゅうばん》になっていて、水中にいる動物に吸いつき、肉を食い破って血を吸う。

ヌタウナギには心臓が4つあり、スリットのような口のまわりには触手《しょくしゅ》がある。脅《おびや》かされると、ねばねばした粘液《ねんえき》を分泌《ぶんぴつ》する。

軟骨《なんこつ》魚類

サメやエイ、深海にすむギンザメには、硬《かた》い骨ではなくて弾力《だんりょく》のある軟骨でできた内骨格がある。軟骨魚類には特殊な感覚器官があり、ほかの生物が発する電場を感知して獲物を追いかける。

シュモクザメの名前は、異様なかたちの頭に由来する（撞木《とうぼく》とは、仏具の1種で鐘《かね》などをたたくT字型の木のこと）。英語ではハンマーヘッドシャーク（金づち頭のサメ）と呼ばれる。目と鼻孔《びこう》は頭の左右両端にある。

マンタ(オニイトマキエイ)は最大のエイで、横幅は 7.5m にもなる。熱帯の海にすんでいる。

サンゴ礁の周囲を泳ぐオグロメジロザメ。硬骨魚《こうこつぎょ》や甲殻類《こうかくるい》を食物にする。

ガンギエイは頭の先からヒレが扇型《おうぎがた》に広がり、独特な姿をしている。

硬骨《こうこつ》魚類

魚の大部分は硬骨魚に属する。硬骨魚は硬い骨でできた骨格をもち、体の表面は重なり合ったウロコでおおわれている。硬骨魚のかたちは千差万別で、大きさも幅広い。ほとんどすべての水域に硬骨魚が生息している。現生種は25,000種以上である。

ナマズのヒゲはよく目立つ。ネコのヒゲによく似ているので、英語ではキャットフィッシュと呼ばれる。このヒゲは触鬚（しょくしゅ）という感覚器官で、食物を探すのに使われる。

海底にすむカレイやヒラメのなかまはみなそうだが、このマコガレイも頭の片側に2個の目が並んでついている。

クマノミはイソギンチャクの触手《しょくしゅ》の中でくらしている。クマノミは平気だが、触手の刺胞《しほう》はほかの魚にとっては有毒だ。

ニシバショウカジキはくちばしのような長い突起《とっき》を使って、獲物を気絶させたり殺したりする。

シーラカンスは恐竜《きょうりゅう》といっしょに絶滅《ぜつめつ》したと考えられていたが、1938年に再発見された。

肺魚《はいぎょ》は、乾期に水が干上がると泥でつくったまゆの中に閉じこもる。そのまま数カ月間生きていられる。

ホシチョウザメの骨格には、硬骨でできている部分と軟骨でできている部分がある。チョウザメの卵はキャビアとして人間の食用になる。

深海にすむムネエソ類の目は真上を向いている。上を通る獲物を見つけるためだ。

ハナヒゲウツボは砂に潜《もぐ》ったり岩の陰に潜《ひそ》んだりして、小魚にいきなり襲《おそ》いかかって食べる。

タツノオトシゴのつがいは一生連れそう。雄《オス》は育児のうの中に卵を入れ、ふ化するまで大事にかかえている。

メキシコの洞くつ深くにすむブラインドケーブフィッシュには目がまったくないが、暗い水中を平気で泳ぎまわる。

タイセイヨウニシンは巨大な群れをつくって泳ぐ。数十万匹の群れも珍しくない。

ジョルダンヒレナガチョウチンアンコウは、頭から伸びた突起の先のふくらみを疑似餌《ぎじえ》として獲物をおびき寄せる。

ベニザケは海から川をさかのぼって卵を産みに行く。

ロージーリップト・バットフィッシュはヒレを足のように用いて海底をはう。

キミオコゼは長く毒のあるトゲで身を守る。

ハリセンボンは、捕食者に襲われそうになると海水を飲んで身をふくらませ、撃退《げきたい》する。

鮮やかな模様のツノダシは、細長く突き出た口をサンゴ礁《しょう》の割れ目に差し込んで採食する。

リーフィーシードラゴンは、体じゅうから葉のような突起が生え、海藻《かいそう》に偽装《ぎそう》している。

カエルアンコウのなかまのヘアリーフロッグフィッシュは、海底にじっと腰を落ち着けて待ち、通りすがりの獲物をぽっかり開いた口に吸い込む。

両生類

地球には全部で 5,000 種ほどの両生類《りょうせいるい》がいる。
皮膚《ひふ》が薄く、湿気を必要とする動物たちだ。
大部分は淡水《たんすい》中に卵を産んで繁殖《はんしょく》する。オタマジャクシや、
魚のようなかたちをした幼生として一生をスタートするのが普通だ。
幼生は徐々に姿を変え、生活の場を陸上へ移す。

無足類（アシナシイモリ）

まるでミミズのようだが両生類のなかまで、熱帯の赤道近くだけに生息する。四肢はなく、一生を土の中でくらすものが多い。

典型的なアシナシイモリは円筒状の体型で、リングがつらなっているように見える。くさびのようなかたちをした鼻先で穴を掘る。

雄のクシイモリの派手なたてがみは、繁殖期に水辺に戻って来た成体だけに見られる。

有尾類（サンショウウオ、イモリ）

このグループのほとんどはサンショウウオと呼ばれる（名前は「ウオ」だが魚ではなくて両生類）。有尾類は陸上で生活するものもいるが、繁殖は水中で行うものがほとんどだ。

生まれたばかりのブチイモリの幼生は魚のような姿をしていて、水中で生活する。変態後の1～4年は、鮮やかな赤色をした幼体として陸上ですごし、その後ふたたび変態して成体となり水中でくらすようになる。

トラフサンショウウオの幼生には羽毛のような外エラがある。成体に変態して陸上生活に移行せず、幼生のかたちのままで繁殖できるものもいる。

マダラサラマンドラの模様は、有毒であることを捕食者に警告するものだ。

アメリカサンショウウオ（ムハイサラマンダー）類には肺がなく、皮膚や口の粘膜《ねんまく》を介して呼吸する。完全に陸生のものが多い。

無尾類《むびるい》（カエル）

ほかの両生類とは違い、カエルの成体には尾がない。後肢はたいてい前肢よりも太くて長い。指のあいだに水かきがあるものとないものがいる。英語ではフロッグ（カエル）とトード（ガマ）を区別するが、この呼び名は分類群と厳密《げんみつ》に対応するものではない。ほとんどのカエルは水中で繁殖する。なかには樹上で産卵するものもいて、卵からかえったオタマジャクシは木の下にある池や小川に落ちる。

アマゾンツノガエルのずんぐりした体は、うまくカムフラージュされている。口は大きく、左右の目の上には角のような突起がある。

ヤドクガエルは小さな体に猛毒をもち、熱帯多雨林に生息する。派手に目立つ警告色をしているものが多い。

トビガエルは熱帯多雨林に生息する。指のあいだに膜が張った大きな手足を広げ、木から木へ滑空《かっくう》する。

フクラガエルは乾期を地下でやりすごし、雨が降ったあとに地上に出てきて昆虫を食べる。

ピパ（コモリガエル）は一生を水中でくらす。舌はなく、平たい葉のような体をしている。

アジアツノガエル（ミツヅノコノハガエル）は熱帯多雨林の林床にすみ、落ち葉に擬態《ぎたい》している。

スキアシガエルは後肢で穴を掘って土に潜り、乾燥した時期を地下でやりすごす。

カトリックガエルの背中には十字架の模様がある。このカエルは、乾燥した地域で土に潜ってくらすのに適応している。

このオオヒキガエルのように、ヒキガエル類の皮膚にはいぼがたくさんあり、両目のうしろには毒腺《どくせん》がある。

アカメアマガエルの指先は吸盤《きゅうばん》になっている。派手に目立つ両目は前向きについている。

典型的なアマガエルは成体になってから水に戻ることはない。木の上などに卵を産むものも多い。

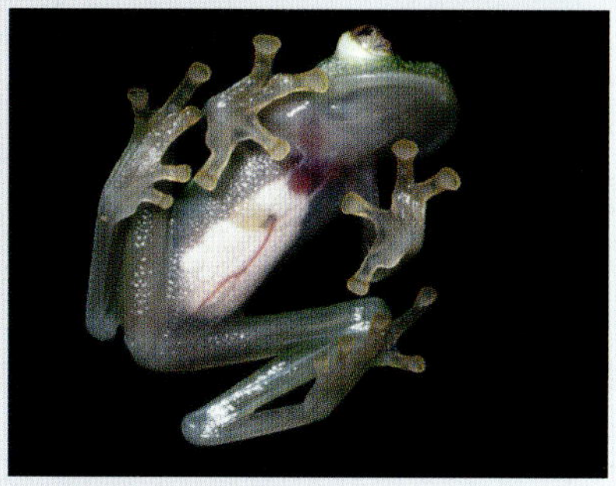

アマガエルモドキは腹部の皮膚が透明だ。卵は水の上に張り出した枝の葉に産みつける。

ゴリアスガエルは世界最大のカエルで、体長35cmにもなる。

北米に生息するウシガエルの雄《オス》。のどの鳴《めい》のうをふくらませて出す低い声はよく響く。

ヒョウガエルの後肢は力強い。雄には鳴のうが2つある。

マダガスカルキンイロガエルは小さくて鮮やかな色彩で、皮膚には毒がある。マダガスカル島だけに生息する。

カブトシロアゴガエルは耳の上にぎざぎざの隆起がある。樹上につくった泡の巣に、卵を産む。

メキシコジムグリガエルはふだん土の中にいて、大雨が降ったあとだけ地上に姿を現す。

トマトガエルはヒメアマガエル類の1種だ。鮮やかな色彩は警告色で、危険が迫ると皮膚から有毒の粘液を分泌する。

ダーウィンハナガエルの雄は、鳴のうにオタマジャクシを入れて運ぶ。オタマジャクシは変態して小さなカエルになると、鳴のうから出てくる。

ヒメアマガエル（ジムグリガエル）類はアリやシロアリを食べるように特殊化している。

爬虫類

全身がウロコでおおわれた爬虫類《はちゅうるい》は、
高温で乾燥《かんそう》した環境で繁栄《はんえい》しているが、
それ以外の環境にもうまく適応《てきおう》して生活している。
約8,000種が存在し、ほとんど卵生《らんせい》だが
子どもを産む胎生《たいせい》のものもいる。

ムカシトカゲ

ニュージーランドだけに生息するムカシトカゲは、古いタイプの爬虫類だ。真の歯はもたず、あごのふちがぎざぎざになっていて歯の役割を果たしている。

ムカシトカゲは雌雄《しゆう》両方とも、トゲがたてがみ状に並んでいる。成長のスピードはかなり遅く、100年以上生きることもある。

カメ類

背中のこうらを特徴とするカメ類には、淡水あるいは海にすむ水生のもの（タートル）と、陸生のもの（トータス）がいるが、水生のものが大半を占める。陸生のものは種類が少なく、1つのグループにまとまっている。

インドホシガメのこうらはでこぼこしている。このでこぼこは年を取るとともに激しくなる。こうらには星型の模様がある。

ガラパゴスゾウガメのこうらは長さ1.2 mにもなり、リクガメの中で最大だ。

マタマタは川にすむ。カムフラージュして身を潜め、獲物を待ち伏せして一瞬のうちに飲み込む。

ウミガメ類はみなそうだが、アオウミガメの体も流線型で、前肢はヒレになっている。

巨大なオサガメのこうらは弾力性に富み、長さ1.8 mにもなる。オサガメの体重は1トン近くになることもある。

トカゲ類とヘビ類

代表的な爬虫類であるトカゲとヘビは近縁《きんえん》であり、1つのグループにまとめられる。ヘビはみな肉食性だ。トカゲもほとんど肉食性だが、植物や動物の死体を食べるトカゲもいる。大部分が卵を産むが、寒冷な地域では子どもを産むものが多い。

イグアナは植物を食べ、樹上生活をするトカゲだ。長いカギ爪は木登りに適応している。ある種のイグアナでは、雄《オス》は首の肉だれをディスプレイに用いて、雌《メス》を引きつける。

カメレオンは樹上にすみ、尾で枝をつかむことができる。左右の目は別々の方向に向けられる。動きはのろい。急速に体色を変えることができる。

アメリカドクトカゲはごく珍しい有毒トカゲの1種だ。派手な模様は捕食者に対しての警告である。

有毒のサンゴヘビ類は派手な色彩で警告《けいこく》している。サンゴヘビに擬態《ぎたい》する無毒なヘビもいる。

ゲッコー（ヤモリ）にはまぶたがなく、まばたきのかわりに舌でなめて目玉をきれいにする。

アノールトカゲの雄ののどには、色鮮やかな扇状に広がる部分があり、ほかの雄《オス》を威嚇《いかく》すると同時に、雌《メス》を引きつける働きがある。

バシリスクは水辺にすみ、危険に遭遇すると水面を走って逃げる。

モロクトカゲの体は全身トゲでおおわれている。オーストラリアの砂漠にすみ、アリを食べる。

レインボーアガマの雄は鮮やかな色彩で雌に求愛する。対照的に、雌はカムフラージュされて目立たない体色だ。

オーストラリアにすむエリマキトカゲは、首のまわりに広がる膜が特徴的だ。捕食者に襲われると、この膜を広げて驚かせる。

スキンクは四肢が短く、なめらかで光沢のあるウロコをもつトカゲだ。敵《てき》に遭遇《そうぐう》すると鮮やかな青い舌を見せるものもいる。

イワカナヘビは岩や植物に溶け込んで目立ちにくい。すばしこく動き、昆虫を食べる。

ヒメアシナシトカゲには四肢がなくヘビのように見えるが、トカゲのなかまだ。卵ではなくて子どもを産む。

オオトカゲ類最大のコモドオオトカゲは体長3mになり、だ液には毒がある。

ボアとニシキヘビには毒はない。太い胴体の強力な筋肉で獲物を絞め殺す。

ハナナガムチヘビは緑色で極端に細長く、樹上に身を潜めて生活している。

コブラは首の肋骨《ろっこつ》を伸ばしてフードを広げ、威嚇《いかく》のディスプレイをする。猛毒《もうどく》。

エラブウミヘビのなかまは有毒で、魚を食べる。尾は扁平《へんぺい》なオール状だ。産卵するときは陸に上がる。

バイパーの長い牙《キバ》はふだんは奥にたたまれている。獲物にかみつくときは、牙が前方に立ち上がって毒を送り込む。

ワニ類

ワニは重装備の捕食者であり、このグループには世界最大の爬虫類が含まれる。泳ぎや潜水《せんすい》が得意で、浅瀬に潜《ひそ》み、水辺に来た動物に襲《おそ》いかかることが多い。卵を産んで繁殖《はんしょく》するが、爬虫類には珍しく、生まれた子どもの世話をする。

カイマンは干ばつ期には泥の中に身を埋める。中南米の川にすむ。

アリゲーターは、クロコダイル類に比べて口の幅が広く、口吻《こうふん》は丸っこい。寿命《じゅみょう》は50年ほどだ。

クロコダイルには体長6mになるものもいる。現生の爬虫類では最大だ。

ガビアルの口はきわめて細長い。水中を素早く泳いで魚にパクッと食いつく。

鳥類

鳥類は、爬虫類《はちゅうるい》とは違って恒温《こうおん》動物だ。
羽毛の生えた翼《つばさ》をもつが、飛べない鳥もいる。
ほとんどの鳥はヒナが巣立つまで世話をする。
約10,000種がいる。

走鳥類《そうちょうるい》（ダチョウなど）

走鳥類は、翼を動かす筋肉が弱く胸骨《きょうこつ》は平たんで、空を飛ぶことはできない。走って危険から逃れる。

キーウィは最小の走鳥類だ。羽毛は毛のようになっている。くちばしは細長く、鋭い嗅覚《きゅうかく》をもつ。

ダチョウは世界最大かつ最速の鳥類だ。頭の高さは最大で2.7m。

キジ類とガン・カモ類

キジ類（キジやクジャクなど）はニワトリに近縁のグループで、後肢や足は力強い。短距離ならよく飛べるが、ほとんど地上ですごす。ガン・カモ類の足にはふつう水かきがあり、泳ぎがうまく、水中あるいは陸上で採食《さいしょく》する。

このオシドリのように、カモ類の雄《オス》は鮮やかな模様をしていることが多い。雌《メス》を引きつけるのに役立つ。

ハクチョウは時速50km以上のスピードで飛ぶが、重い体を空に浮かせるためには、水面をばしゃばしゃ走って翼をばたつかせなければならない。

雄のクジャクは派手に飾り立てたゴージャスな尾羽を扇状《おうぎじょう》に広げ、雌に求愛する。

ライチョウの雄は求愛の儀式《ぎしき》を行って雌の気を引く。できるだけ休まずにダンスを続けた雄のほうが雌に好まれる。

新しい鳥

走鳥類、キジ類、ガン・カモ類を除いた残りの鳥類は、鳥類のなかでも新しいグループとして大きくまとめられる。比較的最近の地層からしか化石が見つからないからだ。このグループの鳥は飛翔《ひしょう》のための筋肉が発達していて、らくらくと空を飛ぶ。大型のものとしては、アホウドリやツル、ペリカンなど、とさまざまだが、もっとも多様性に富むのは小さな鳴禽類《めいきんるい》で、鳥類全体のうちの3分の1を占める。

アホウドリは大きく広がる細長い翼を用いて帆翔《はんしょう》する。ある個体が12日間で6,000km移動したという記録がある。

カモメは騒がしい大群となり、海岸や内陸の川筋でくらす。人間のゴミをあさることもある。

ハチドリは大きいものでも重さ24gに満たない。求愛中には1秒間に200回も羽ばたくことがある。

ゴクラクチョウは熱帯多雨林にすむ。雄の羽毛は絢爛豪華《けんらんごうか》で、求愛のディスプレイはかなり手の込んだものだ。

ペンギンは空を飛べないが泳ぎは優雅《ゆうが》だ。氷の上だとよちよち歩いたり、腹ですべったりする。

カンムリカイツブリは魚を食べ、櫂（かい）のような足をもつ。よくヒナを背中に乗せて運んでいる。

フラミンゴは肢と首の長い鳥で、曲がったくちばしを上下逆さまに水につけて食物をこし取る。

このソリハシセイタカシギなど、渉禽類《しょうきんるい》は海岸や湿地で採食する。肢の長いものがほとんどで、長いくちばしをもつものが多く、泥の中を探ってゴカイや二枚貝などを食べる。

サギ類は肢が長く、浅瀬にいる。こっそり獲物に忍び寄り、くちばしで素早く突き刺す。

ペリカンのなかには、急降下して水中に潜《もぐ》り、ふくろのあるくちばしで魚をすくいあげるものもいる。

ハゲワシは足のカギ爪で水中の魚を突き刺し、わしづかみする。

ツノメドリなどのウミスズメのなかまは、海岸にすんでいる。水中に潜《もぐ》って翼を用いて泳ぎ、魚を捕まえる。

ハトはぽっちゃりした体つきで、種子や果物を食べる。大きなとさかのあるものもいる。

コンゴウインコの尾羽は長く、羽毛は派手だ。空を飛ぶオウムのなかでは最大である。

フクロウは夜行性のハンターで、日中は隠れている。羽毛のまだら模様がカムフラージュしてくれる。

アマツバメは巣をつくるとき以外はほとんど陸に降りない。空中で昆虫を捕まえて食べ、眠るのも空中だ。

キツツキはノミのようなくちばしをもち、木の幹に穴をあけ、昆虫の幼虫を捕まえる。

オオハシは熱帯にすみ、巨大なくちばしで果物を食べる。くちばしが派手な色をしているものも多い。

魚を捕まえたカワセミはお気に入りの枝に戻ってきて、獲物を一振りして枝にぶつけてから、飲み込む。

ムクドリモドキは鋭くとがったくちばしで木や地面のすきまを広げ、中に隠れた食物をついばむ。

アメリカムシクイは短く先のとがったくちばしで昆虫を食べる。普通は林地に巣をつくる。

鳴禽類《めいきんるい》で最大なのはカラスのなかまだ。カラスは適応力に富んで知能も高いが、鳴き声は美しくない。

哺乳類

哺乳類《ほにゅうるい》は毛皮でおおわれた恒温《こうおん》動物で、子どもを母乳で育てる。
単孔類《たんこうるい》をのぞき、胎生《たいせい》で子どもを産む。
有袋類《ゆうたいるい》では新生児はごくごく小さいが、
ほかの哺乳類ではよく発達して産まれてくる。
哺乳類は約5,400種いて、陸上にも水中にも生息している。

単孔類《たんこうるい》

哺乳類中、単孔類だけが卵生《らんせい》だ。単孔類には水中で食物を探すカモノハシと、陸上でくらすハリモグラが含まれる。ほかの哺乳類と違い、単孔類には乳首《ちくび》がない。子どもは、皮膚《ひふ》の表面にしみ出した母乳を飲んで育つ。

ハリモグラは長い口吻とねばねばした舌を使って昆虫を食べる。力強い四肢にそなわった巨大な爪で、穴を掘ったり丸太を割ったりする。

有袋類

ほとんどの有袋類は子どもをふくろ（育児のう）の中で育てる。子どもは育児のう内の乳首に吸いつき、母乳を飲んで育つ。カンガルーとコアラは一度に1頭子どもを産むのが普通だが、オポッサムは数十匹も産むことがある。全部が生き残れるわけではない。

キタオポッサムは毒ヘビも含めほとんど何でも食べ、樹上にすんでいる。ウロコでおおわれたものをつかめる尾、鋭い爪《つめ》をもっていて、木登りがうまい。

コアラの子どもは母親の排泄物《はいせつぶつ》を食べる。主食であるユーカリの葉を消化するのに必要なバクテリアを手に入れるのに必要なことなのだ。

ツチブタ

ツチブタはアフリカに生息する。近縁《きんえん》な動物はいないので、この分類群に属するのはツチブタ１種だけだ。ツチブタは強力な前肢のカギ爪で巣を壊《こわ》し、シロアリやアリを食べる。聴覚《ちょうかく》と嗅覚《きゅうかく》は優れているが、目はあまりよくない。日中は深い穴に隠れている。

ツチブタの細長く伸びた口吻《こうふん》には、長く粘性《ねんせい》のある舌がおさまっている。この舌を巣の奥深くまで差し込んで昆虫を食べる。

長鼻類《チョウビルイ》（ゾウ）

長い鼻がおなじみのゾウは、陸上では最大の動物だ。どっしりした柱のような四肢、巨大な耳があり、切歯は長い牙《キバ》になっている。牙を使って木の幹を裂いたり、水や塩を掘り出したりする。

アフリカゾウはゾウのなかでも最大の種だ。雄は7トンを超えることもある。

海牛類《かいぎゅうるい》（ジュゴン、マナティー）

大型の水生哺乳類である。同じく水生のアザラシとは違い、海牛類は植物しか食べない。熱帯沿岸の浅瀬にすむジュゴンと、海にすむが川まで入り込むマナティーが含まれる。体はたる型で、尾ビレは三日月型（ジュゴン）、あるいはスプーンのようなかたち（マナティー）だ。

マナティーが食事をするときは、胸ビレを前に伸ばしてえさの植物を押さえ、上唇《くちびる》を器用に動かしてむしゃむしゃ食べる。

貧歯類《ひんしるい》（アリクイなど）

アリクイ、アルマジロ、ナマケモノは1つのグループにまとめられている。見かけは違うが、背骨の特殊な関節など、共通の特徴をもつからだ。アリクイやアルマジロは小動物を食べ、ナマケモノは樹上生活をして葉を食べる。

コアリクイの尾はものをつかむことができ、木登りができる。舌が長く、歯はない。

霊長類《れいちょうるい》（サル、類人猿《るいじんえん》）

霊長類のほとんどは手足でものを握《にぎ》ることができ、また左右の目は前方を向いている。サル、類人猿、キツネザル、ブッシュベビー（ショウガラゴ）、メガネザルが含まれる。

ブッシュベビーは暗いところでの視力と聴力にすぐれている。垂直に2m もジャンプできる。

マーモセットは林冠にすみ、長い歯で木の幹や枝に穴をあけて中の樹脂《じゅし》を食べる。

チンパンジーは、ゴリラ、オランウータン、そして人間とともに大型類人猿というグループに属する。チンパンジーは知能が高く、高度に社会的で、樹上や地上で採食《さいしょく》する。

齧歯類《げっし》（ネズミ）・ウサギ類

齧歯類は世界の哺乳類全体のうち5分の2以上を占める。ノウサギやアナウサギと同じように、齧歯類は大きな切歯《せっし》で食物をかじる。この切歯は一生成長を続ける。

リスは鋭い嗅覚《きゅうかく》で、自分が埋めておいたナッツのありかを探し当てる。ふさふさした尾をもつものが多く、尾でバランスをとる。

ウサギは齧歯類に近縁だ。食物から栄養分をよく吸収するために、ウサギは自分の糞を食べる。2回にわたって消化するわけだ。

マウスやラットの多くは、繁殖スピードがきわめて速い。約6週間ごとに最大 12 匹の子どもを産む。

カピバラは世界最大の齧歯類で、体重は最大 65kg。泳いで捕食者から逃れる。

有鱗類《ゆうりんるい》（センザンコウ）

センザンコウの体表にはウロコが重なり合って生え、身を守っている。アリやシロアリを食べ、歯はない。

キノボリセンザンコウの尾は、ものをつかむことができ、木に登ったり、食物を食べたりするときに体を支えてくれる。

食虫類《しょくちゅうるい》（モグラ、ハリネズミなど）

いずれも歯が鋭く、目は小さく、嗅覚《きゅうかく》が優れている。昆虫やミミズを食べるものが大半だが、ハリネズミは雑食だ。

モグラの毛は短く密生してビロードのようだ。鋤《すき》のような前足で穴を掘ってすむ。

ハリネズミは夜間に採食する。攻撃《こうげき》されると、ボールのように体を丸めて針で身を守る。

翼手類《よくしゅるい》（コウモリ）

膜状の皮膚《ひふ》でできた翼《つばさ》をもつコウモリは、哺乳類《ほにゅうるい》で唯一空を飛べるグループだ。小さいタイプのコウモリは昆虫を食べ、大きなタイプのものはおもに花の蜜《みつ》や果実を食べる。

オオコウモリ類の目は大きく、樹上をねぐらにする。翼を広げると1.8 mになる。

チスイコウモリは視力がよく、鋭い歯で哺乳類や鳥類の皮膚を傷《きず》つけて血を吸う。

食肉類《しょくにくるい》（ネコ、イヌ、クマなど）

肉を食べる哺乳類の多くは類縁《るいえん》関係にあり、食肉類という1つのグループにまとめられる。陸上で最大の捕食者もこのグループの1員だ。食肉類の歯は獲物を捕らえ肉を切り裂くのに最適なかたちをしている。びんしょうに動き、目は前方を向き、カギ爪《づめ》がある。聴覚《ちょうかく》や嗅覚《きゅうかく》に優れている。肉しか食べないものもいるが、いろいろなものを食べるものもいる。パンダはほぼ1種の植物（竹）だけを食べる。

トラはネコのなかまのうちで最大の動物だ。かつてはアジアに広く分布していたが、いまでは絶滅《ぜつめつ》の危機《きき》に瀕《ひん》している。

ヒグマは陸上最大の捕食者だ。肉を主食にすると、植物を主食とした場合に比べて体重が2倍になる。

マングースの多くは、ほかの動物が掘った穴の中にすむ。新しいなわばりや子どもに、においをつけてマーキングすることが多い。

アナグマは地下に大規模なトンネルを掘って社会集団で生活することが多い。夜に穴から出てきて食物を探す。

オオカミなど、イヌのなかまの多くは群れをつくる捕食者だ。速さと耐久力《たいきゅうりょく》を生かして集団で狩りをする。

タテゴトアザラシは氷の上で産まれる。北極海の冷たい水の中を移動して魚や甲殻類《こうかくるい》を食べるものが多い。

奇蹄類《きているい》（ウマなど）

バク、ウマ、サイは有蹄類《ゆうているい》で、奇数本のひづめをもつ。バクとサイは単独で生活するが、ウマやそのなかまは群れをつくってすむことが多い。スピードと耐久力にたよって危険から逃げる。

バクは鼻を器用に動かして枝から果実をつみ取る。

シマウマはウマの近縁種《きんえんしゅ》だ。シマウマの縞《しま》模様は、なかまを確認して社会的なきずなをつくるのに重要な役割を果たしている。また毛づくろいにも影響している。

サイの角は最大で 1.5 mにもなる。雌《メス》は角を使って子どもを守り、雄《オス》は角で攻撃者《こうげきしゃ》を撃退《げきたい》する。

偶蹄類《ぐうているい》（アンテロープ、ウシ、シカなど）

有蹄類のほとんどは偶数本のひづめをもつ偶蹄類に属する。偶蹄類には、野生のヒツジ、ヤギ、ウシも含まれる。四肢は細長く、植物だけを食物とするものが大半を占める。

キリンは世界でいちばん背の高い動物で、地上から最大5m の高さにある葉を食べられる。

雄のシカは雌をめぐって争い、枝角《しかく》を用いて闘《たたか》う。この枝角は骨でできているが、毎年生え替わる。

アンテロープ類のゲレヌクは、よく後肢で立ち上がり、ほかの種には届かない高さにある木の葉を食べている。

ラクダのこぶの中には脂肪《しぼう》がつまっている。ラクダはその脂肪から水をつくり出し、砂漠を160km も移動できる。

鯨類《げいるい》（イルカ、クジラ）

鯨類には、イルカから地球最大の動物であるシロナガスクジラまで、さまざまなサイズのものがいる。頭のてっぺんの鼻孔《びこう》で呼吸をし、胸ビレと尾ビレで泳ぐ。

ヒゲクジラの口には繊維《せんい》性のヒゲがずらっと並び、これをフィルターとして使って食物をこし取る。

ハクジラにはイルカやマッコウクジラが含まれる。エコーロケーション（反響定位《はんきょうていい》）で獲物を見つけるものが多い。

索引

ア

アイスフィッシュ 67
アイボリーコースト・ランニングフロッグ 18
あえぎ呼吸 56
アオウミガメ 58, 127, 180
アカウミガメ 160
アカガニ 65
アカカンガルー 35
アカギツネ 81
アカシカ 51
アカタテハ 152
アカハラガーターヘビ 62
アカハラガメ 81
アカメアマガエル 34, 35, 55, 113, 179
アゲハ 137, 175
あご 11, 12, 17, 76, 80, 82, 83, 87, 90, 96, 119, 121, 149, 155, 174, 175
アゴアマダイ 157
アサガオガイ 170
アザラシ 16, 17, 42, 56, 90, 123, 184, 186
アジアツノガエル 179
アシナシイモリ 178
汗 56, 59
遊び 161
圧力を感知する 123
アナウサギ 155, 185
アナグマ 186
アナゴ 42
アナツバメ 119
アノールトカゲ 181
アヒル 22
アブ 175
アブラムシ 71, 149, 175
アフリカスイギュウ 74
アフリカゾウ 60, 117, 138, 163, 184
アホウドリ 138, 182
アホロートル 50
雨おおい 22
アマガエル 34, 35, 55, 90, 134, 141, 179
アマガエルモドキ 50, 51, 179
アマゾンツノガエル 178
アマツバメ 41, 127, 183
アミノ酸 120
アメリカアカガエル 66
アメリカアマガエル 134
アメリカササゴイ 97
アメリカサンショウウオ 178
アメリカドクトカゲ 180
アメリカバイソン 74
アメリカムシクイ 183
アメリカモモンガ 38
アメンボ 33
アライグマ 81
アラスカヒグマ 80
アリ 71, 94, 130, 139, 155, 162
アリクイ 122, 184
アリゲーター 91, 181
アリゲータートカゲ 109
アリジゴク 96, 97
　ワナ 97
アルマジロ 106, 107, 184
アワビ 170
アンコウ 177
アンテロープ 32, 56, 107, 187
胃（反すう類）74
イースタン・コモンフログレット 134
イースタン・バンジョーフロッグ 134
家 154, 155
イエバエ 58, 175
イカ 11, 42, 55, 65, 82, 113, 119, 170, 171
いかの甲 11
いかの骨 11
イガイ 30, 82, 171
イグアナ 27, 75, 180
育児のう 156, 177, 184
イサキ 163
胃酸 87
イソギンチャク 9, 168, 176
イソギンポ 105
イソコンペイトウガニ 101
移動 30, 64, 65, 78, 160, 182, 187
イトトンボ 13, 174
イヌ 56, 116, 186
イノシシ 20, 21, 81
いぼ足 30, 169
イボイノシシ 59
イボヤギ 120
イモガイ 105
イモムシ 30, 101, 103, 149, 152, 160, 175
イモリ 19, 32, 153, 178
色を感知する細胞 114
イルカ 19, 42, 95, 116, 119, 187
イワカナヘビ 181
イワシ 82
イワドリ 141
インコ 130
インドサイ 106
インドホシガメ 180
ウ 22
ウォーク 33
ウォーター・タイガー 175
ウオノエ 99
ウオビル 99
浮き 11
浮きぶくろ 43, 119
ウサギ 63, 70, 185
ウサギコウモリ 41
ウシ 74, 187
羽枝 23
ウシガエル 179
羽軸 23
ウシツツキ 59
ウジムシ 175
ウスバカゲロウ 97
ウズムシ 168
歌 119, 130, 134, 135
ウツボ 42
腕 11, 30, 34, 36, 41, 56, 87, 109, 169
腕神経 55
ウナギ 42, 64, 176, 177
ウニ 11, 31, 106, 153, 169
羽板 23
ウマ 33, 56, 187
ウミイグアナ 27, 75
ウミウシ 52, 53, 170
ウミガメ 58, 127, 160, 180
ウミグモ 173
ウミスズメ 183
ウミトサカ 168
海鳥 40, 92, 99
ウメイロモドキ 43
羽毛 17-19, 21-23, 30, 34, 45, 57, 59, 116, 130, 135, 148, 182, 183
　羽づくろい 59
　飛翔 40
ウロコ 16, 21, 22, 26, 27, 31, 106, 107, 169, 175, 176, 180, 181, 184, 185
ウロコムシ 169
エイ 17, 42, 43, 127, 148, 176
エコーロケーション（反響定位）116, 118, 119, 187
エジプトハゲワシ 161
枝角 106, 107, 187
エダハヘラオヤモリ 103
越冬卵 149
エナメル質 26
エビ 9, 15, 25, 58, 82, 94, 139, 172
エラ 43, 50, 53, 82, 97, 99, 153, 170, 176, 178
エラブウミヘビ 181
エリマキトカゲ 181
エレファント・イヤー・スポンジ 8
塩類腺 27
尾 33, 34, 39, 42, 46, 59, 66, 75, 77, 97, 139, 109, 166, 182-185
オウサマペンギン 162
オウム 17, 79, 183
オウムガイ 10, 42, 171
オオアリクイ 122
オオカバマダラ 64, 65
オオカミ 17, 130, 186
オオコウモリ 41, 186
オオシャコガイ 31
オオトカゲ 181
オオニワシドリ 140
オオハシ 167, 183
オオヒキガエル 104, 179
オオフラミンゴ 40
オオヤマネコ 63
オカガニ 65
オキアミ 45, 82, 83, 172
お客さん（掃除屋の）58
贈りもの 142
オグロジャックウサギ 117
オグロヌー 64
オグロメジロザメ 176
オサガメ 180
オシドリ 182
オタマジャクシ 150, 152, 153, 169, 178, 179
オナガイヌワシ 23
オニイトマキエイ 42, 176
オニオオハシ 167
尾ビレ 35, 38, 43, 176, 184, 187
オポッサム 108, 156, 184
親指 17, 34, 41, 75, 77
泳ぐ 19, 31, 42, 43, 45, 47, 50, 54, 57, 58, 123
オランウータン 78, 185
オリックス 107
音声 130
女家長 162, 163
音波 116, 119

カ

カ 98, 175
ガ 21, 57, 63, 77, 100, 101, 121, 131, 155, 175
カースト 162
ガーターヘビ 62, 70
カイアシ類 65
外温動物 56
貝殻 10, 11, 13, 47, 140, 170, 171, 180
海牛類 184
外骨格 9, 12, 13, 21, 26, 32, 40, 47, 63, 81, 101, 112, 153, 166, 172, 173
外耳孔 116
カイチュウ 168
カイツブリ 145, 183
外とう膜 10, 170, 171
カイマン 181
カイメン、海綿動物 8, 168
カエル 55, 66, 67, 70, 113, 131, 152, 178, 179
　呼吸、循環 18, 50, 51
　ジャンプ 34, 35, 39
　繁殖、子ども 134, 141, 150, 151, 155
　皮膚 18, 105
カエルアンコウ 177
化学物質 19, 21, 54, 96, 113, 120, 121, 130, 136-138
カキ 171
カギ爪 34, 35, 47, 70, 99, 109, 122, 167, 172, 180, 183, 184, 186
拡散 101, 120
学習 160, 161
角鱗 26
カケス 23, 81
駆歩 33
カサガイ 11, 170
風切り羽 22, 23, 40, 91, 135
カササギ 81
果実食 70, 78
ガス交換 50, 51
ガス腺 43
化石 166, 182
カタクチイワシ 82
カタツムリ 10, 30, 31, 170
家長 163
カツオドリ 99, 134
カツオノエボシ 105
滑空 38-40, 178
カッコウ 157, 160
滑翔 39
カトリックガエル 179
カナダオオヤマネコ 63
カニ 13-15, 35, 65, 101, 122, 153, 172
過熱 32, 56
カバ 19
ガビアル 181
カピバラ 185
カブトガニ 172
カブトシロアゴガエル 179
花粉かご 77
花粉媒介 76, 77
ガマ 178
カマキリ 90, 101, 145, 174
カムフラージュ 20-22, 90, 97, 100-103, 106, 113, 130, 131, 155, 174, 178, 180, 181, 183
カメ 16, 27, 58, 81, 91, 106, 107, 126, 160, 180
カメノテ 31
カメムシ 137, 157, 174
カメレオン 101, 113, 166, 167, 180
カモ 130, 182
カモノハシ 126, 157, 184
カモメ 182
カヤネズミ 155
殻 10, 11, 13, 46, 170-172
ガラガラヘビ 31, 104, 105, 126
カラス 81, 161, 183
ガラパゴスゾウガメ 180
ガラパゴスフィンチ 99
カラフトフクロウ 91
カリフォルニア・グルニヨン 62
カレイ 119, 152, 176
カレドニアガラス 161
カロテノイド 25
カワウソ 20, 21, 123, 136
カワカマス 99
カワセミ 92, 93, 183
ガン 22, 64, 74
ガン・カモ類 182
感覚 54, 112-27
感覚器官 54, 55, 116, 122, 123, 127, 169, 176
感覚細胞 54, 116, 121, 126, 127
感覚毛 122
カンガルー 34, 35, 56, 140, 149, 184
ガンギエイ 176
環形動物 168, 169
カンザシゴカイ 15
カンジキウサギ 63
関節 12, 16, 17, 31, 40, 79, 167, 184
感染症を広める 81, 98
完全変態 152, 174, 175
肝臓 43, 56
管足 30, 169
干ばつ 66, 181
眼柄 114
カンムリカイツブリ 145, 183
気圧 127
キーウィ 182
記憶 137, 163
気管 13
キクガシラコウモリ 118
キサントパンスズメガ 77
疑似餌（ルアー）96, 97, 177
儀式
　求愛 142-45, 182
　闘い 106, 140, 141
キジ類 182
寄生虫 58-60, 85, 98, 99, 168, 173
寄生バチ 21
季節 46, 62, 78, 80
季節移動 64
擬態 100, 101, 103, 179, 180
キタオポッサム 108, 156, 184
キチン質 12, 21, 26, 40
キツツキ 34, 41, 79, 135, 183
キツネ 54, 56, 81, 100, 117, 121, 161
キツネザル 36, 37, 136, 185
奇蹄類 187
気のう 51
キノコ 71, 162
木登り 34, 35, 95, 180, 184
キノボリセンザンコウ 185
牙 26, 90, 104, 105, 172, 181, 184
キバシウシツツキ 59
キミオコゼ 177
気門 13
キャットフィッシュ 176
ギャロップ（襲歩）33
キャンター（駆歩）33
求愛 22, 116, 140-45, 182
嗅覚 53, 76, 81, 120-122, 136, 182, 185, 186
吸血動物 98, 99
臼歯 17, 70, 167
旧世界ザル 167
吸盤 9, 30, 34, 85, 99, 168, 170, 171, 176, 179
胸郭 16
鋏角 172
共同保育集団（クレイシ）57, 156
恐竜 39, 166, 177
ギョウレツケムシガ 137
キョクアジサシ 64

棘皮動物 11, 169
巨大神経 55
魚類 176, 77
　ウロコ 26
　泳ぎ 42, 43
　寄生虫 99
　呼吸 50
　子育て 156, 157
　体温調節 57
　食べる、採食 82
　電気受容 127
　群れ 123, 163
キリギリス 81, 153, 174
キリン 32, 59, 187
ギンザメ 176
筋肉 8, 10-12, 20, 31, 38, 40, 42, 82, 85, 105, 134, 181, 182
　収縮 54
　体温調節 56, 57
　波打つような動き 9, 30, 46
キンメフクロウ 116
キンモグラ 47
菌類 71, 81, 87
グアナコ 149
偶蹄類 187
クサカゲロウ 116
クサリヘビ 31, 141
クシイモリ 153, 178
クジャク 182
クジャクチョウ 27
クジラ 42, 50, 55, 64, 65, 82, 83, 94, 119, 130, 135, 172, 187
　歌 134, 135
くじらひげ 82, 83
クチクラ 13, 26, 168
くちばし 17, 22, 25, 59, 71, 74, 79, 82, 92, 94, 126, 135, 142, 155, 167, 182, 183
クマ 21, 75, 80, 186
クマノミ 145, 176
クマムシ 67
クモ 12, 13, 21, 33, 96, 100, 105, 112, 144, 155, 172, 173
　呼吸 50
　ワナ 96
クモ形類 172
クモザル 34
クモヒトデ 87, 169
グラウリング・グラスフロッグ 134
クラゲ 8, 9, 54, 65, 82, 105, 168
クラブアーチン 31
クリオネ 50, 170
グリズリー 80
クリック音 95, 118, 119
グルコース 51, 70
グルニヨン 62
クレイシ（共同保育集団）57, 156
グレーザー 74, 75, 174
クローン 149
クロコダイル 17, 65, 113, 156, 181
クロホエザル 135
クロマグロ 57
クワガタムシ 12
グンタイアリ 94
ケイ素 8
系統樹 166
警報フェロモン 137
鯨類 187
毛皮 20, 21, 58, 59, 67, 86, 108, 184
ゲジ 173
血液 19, 25, 42, 43, 50, 51, 53, 56, 57, 67, 79, 98, 105, 153, 168
血縁集団 162, 163
毛づくろい 58, 59, 130, 139, 187
ゲッコー 181
齧歯類 91, 117, 185
蹴爪 17
毛虫 21
ゲムズボック 107
ケヤリムシ 83, 169
ケラ 47
ケラチン 17, 19, 21, 22, 26, 83
ゲレヌク 187
ケワタガモ 130
ゲンゴロウ 175
原索動物 169
犬歯 17, 70, 91
コアラ 184
コアリクイ 184
コウイカ 11, 171
恒温動物（内温動物）56, 126, 182, 184
甲殻類 12-15, 31, 82, 99, 172, 176, 186
口器 116, 123, 139, 174, 175
　管状 71, 123
　スポンジのような 175
　注射針のような 98, 174, 175
光合成 70
硬骨 17, 177
硬骨魚類 26, 176
虹彩 113
甲虫 12, 72, 81, 108, 137, 175,
コウテイペンギン 44, 45, 57
口内保育 157
甲板 16, 27, 107
交尾 62, 63, 107, 121, 131, 137, 138, 140, 141, 144, 145, 148, 163
剛毛
　哺乳類 20, 21, 122, 123
　無脊椎動物 21, 46, 77, 98
コウモリ 17, 76, 77, 98, 99, 126, 186
　聴覚 116, 118
　冬眠 67
　飛翔 40, 41
肛門腺 136
こうら
　カニなどの節足動物 13, 101, 106, 172
　カメ 16, 27, 58, 81, 106, 107, 180
航路決定 64, 126, 127
コオロギ 81, 116, 135, 167
ゴカイ 169, 183
コガネウロコムシ 169
コガネグモ類 172
コガネムシ 175
個眼 112
股関節 16
ゴキブリ 55, 80, 153, 174
呼吸 13, 18, 35, 42, 50, 51, 56, 82, 105, 153, 170, 176, 178, 187
コククジラ 64
ゴクラクチョウ 182
コザクラバシガン 74
コシジロハゲワシ 87
ゴジュウカラ 34
子育て 119, 156-159
個体数の周期的な変化 63
固着 31, 82, 83, 169, 171, 172
骨格 10, 12, 16, 17, 40, 166-168, 176, 177
骨髄 87
骨板 16, 106, 107
骨片 8, 26, 153
コツメカワウソ 21
コナダニ 173
コノハムシ 101
琥珀 166
コバシヌマミソサザイ 134
コバンザメ 84, 85
コブラ 105, 181
鼓膜 116, 117
コマツグミ 160
コミュニケーション
　音声 116, 117, 130, 135
　クリック音、ホイッスル音、キーキーいう音 95, 118, 119
　視覚 130, 131
　触覚 122
　接触 130, 138, 139
　鳴き声、歌 134, 135
　におい 120, 121, 130, 136, 137
　皮膚 18
こめかみ腺 138
コモドオオトカゲ 181
コモリガエル 179
コヨーテ 130
ゴライアスオオツノハナムグリ 175
ゴリアスガエル 179
ゴリラ 78, 158, 159, 185
コロニー 134, 155, 162, 163, 168, 174
コロブス 95
コンゴウインコ 22, 79, 183
ゴンズイ 123
ゴンズイ玉 123
昆虫 13, 32, 78, 130, 149, 166, 167, 172, 174, 175
　移動 40
　音声 134, 135
　カムフラージュ、擬態 100, 101
　完全変態 175
　吸血動物 98, 99
　剛毛 21
　子育て 157
　コロニー 162
　聴覚 116, 117
　においの信号 137
　花の蜜や花粉を食べる 76, 77
　変態 152, 153, 174
婚羽 130

サ

サーマル（熱気泡）39
サイ 87, 106, 187
再生 109
鰓耙 82
栽培室 71, 162
サギ類 183
サケ 65, 80, 177
ササゴイ 97
サザン・ブラウンツリーフロッグ 134
サスライアリ 130
サソリ 9, 172
雑食動物 80, 81
ザトウクジラ 94, 135
さなぎ 152, 175
サナダムシ 168
砂のう 79
サバ 65, 82
サバクキンモグラ 47
サバンナシマウマ 136, 140
サメ 17, 26, 43, 65, 90, 113, 120, 126, 127, 148, 176
サル 34, 36, 95, 105, 113, 131, 135, 136, 166, 167, 185
サルパ 82
サンゴ 9, 15, 31, 42, 101, 168, 169, 173
サンゴ礁 9, 15, 26, 58, 154, 163, 171, 176, 177
サンゴヘビ 180
サンショウウオ 178
酸素 18, 40, 42, 43, 50, 51, 53, 67, 148, 157, 176
三葉虫 166
産卵 62, 65, 67, 127, 137, 141, 144, 148, 150, 153, 178, 181
シート・パッチ 18
シーラカンス 177
ジェット噴射 42
潮 11, 62, 63
シオマネキ 131
シカ 20, 51, 80, 91, 107, 160, 187
翅芽 174
視覚 76, 81, 112-115, 130-132, 173
耳殻 116, 117
自家受精 145
色素 21, 23, 25, 27, 67, 101, 108
色素胞 101
軸索 54, 55
ジサイチョウ 113
刺糸 105
磁石シロアリ 127
歯舌 170
歯舌歯 105
自切 109
耳腺 19
舌 56, 58, 76, 120-122, 167, 181, 184
下毛 20, 21, 122
磁鉄鉱 64, 127
シデムシ 87
シナプス 54
磁場 64, 126, 127
シファカ 36, 37
刺胞 9, 105, 120, 168, 176
刺胞動物 168
脂肪 66, 74, 119, 187
脂肪層 21, 56, 57
シマウマ 33, 136, 137, 140, 141, 187
シマサバ 82
ジムグリガエル 179
ジャイアントパンダ 75
ジャガー 91
社会性昆虫 162, 163
社会的活動 59
シャクガ 101
尺取虫 30, 101
ジャコウウシ 20
シャコガイ 31, 171
射水溝 97
ジャックウサギ 117
ジャンプ 34-36, 38, 39, 99, 140, 141, 174, 175, 185
種 167
臭角 137, 175
周期ゼミ 63
獣脚類 166
臭腺 136
雌雄同体 145
周波数 116, 118, 119, 134
襲歩（ギャロップ）33
重力 116, 122
樹液 63, 71, 174, 175
宿主 85, 98, 99
ジュゴン 184
樹脂 166
樹状突起 54
種子を食べる 70, 74, 76, 78-81, 99, 183
受精 144, 145, 148, 150
受粉 76
シュモクザメ 176
循環 50, 51
瞬膜 113
消化系 74, 108
ショウガラゴ 35, 59, 185
渉禽類 63, 183
鞘翅 12, 40, 41
ショウジョウバエ 116
蒸発熱 56
女王 162, 163
女王アリ 71, 162
女王バチ 78, 137, 162
触手 8, 9, 54, 83, 105, 120, 125, 168, 169, 171, 176
食虫類 186
食肉類 186
植物食動物 74, 75, 80, 81, 113, 175
触毛 123
触鬚 176
食物連鎖 70
触角 13, 15, 42, 78, 116, 121, 122, 139, 153, 170, 172, 174
触覚 54, 55, 112, 121-123, 125, 173
書肺 50
ジョルダンヒレナガチョウチンアンコウ 177
初列風切り羽 22
ジョロウグモ 13, 144
シラミ 34, 59, 60, 98
シロアリ 122, 127, 155, 160, 162, 174, 179, 184, 185
シロカツオドリ 134
シロナガスクジラ 50, 82, 83, 187
シロムネオオハシ 167
進化 32, 77, 94, 100, 101, 166, 167
深海魚 42, 96
神経 54, 55, 62, 101, 105, 112, 116, 123, 127
神経細胞（ニューロン）54, 55
神経節 55
神経リング 54
信号 23, 54, 101, 112, 120, 123, 127, 130-132, 135-139, 144
新世界ザル 167
心臓 12, 32, 50, 51, 66, 105, 148, 168, 176
死んだふり 108
振動、バイブレーション 116, 119, 123, 130, 174
真皮 19, 26, 41
ジンベエザメ 82, 85
巣 134, 154-157, 159, 162, 174, 175, 182-184
ズアカヒメマイコドリ 135
スカシバ 100
スカベンジャー（腐肉食動物）82, 86, 87, 132, 173
スキアシガエル 179
スキンク 181
スズメガ 63, 77, 100, 116, 131, 175
スズメバチ 78, 100, 155, 162, 175
砂浴び 59, 60
スポッティド・マーシュフロッグ 134
スポンジン（海綿質）8
墨 108
スミレコンゴウインコ 79
スモールマウスグラント 163
セアカモズ 72
正羽 22, 23
セイウチ 123
精子 62, 144, 145, 150
成体 83, 152, 153, 169, 172, 178, 179

声帯 134
性フェロモン 137
赤外線 21, 126
脊索 169
脊髄 55
脊椎動物 32, 51, 67, 176-87
　骨格 16, 17, 167, 176
　視覚 113
　神経系 55
　聴覚 116
　皮膚 18, 19
石灰質 10, 11
赤血球 51, 67
舌骨 135
切歯 17, 47, 58, 70, 99, 163, 184, 185
接触 130, 138, 139
節足動物 9, 12, 13, 65, 112, 172-174
舌乳頭 121
ゼニガタアザラシ 16, 17
セネガルガエル 18
背ビレ 43
背骨 16, 17, 32, 43, 167, 168, 176, 184
セミ 63, 117, 174
セルロース 74
線形動物 168
センザンコウ 26, 185
潜水鐘 50
センチュウ 168
ゾウ 55, 60, 61, 87, 116, 117, 138, 139, 163, 184
ゾウアザラシ 42, 56
ゾウガメ 27, 106, 180
象牙質 26
掃除屋 58
走鳥類 182
ゾウムシ 78, 175
藻類 42, 58, 59, 65, 75, 168, 170, 171
側線 123
そしゃく 74, 81
そのう 79
ソフトコーラルクラブ 101, 168
ソリハシセイタカシギ 183

タ

ダーウィンハナガエル 179
タートル 180
大移動 40, 64, 65, 94, 126
体温 56, 66, 67, 75
体外受精 144
対向流 57
体色変化 100, 101, 171
胎生 180, 184
タイセイヨウニシン 177
体節 9, 12, 13, 32, 46, 55, 99, 168, 169, 173
大腿骨 16
大腿神経 55
体内受精 144
体内時計 62
体毛 13, 20, 34, 59, 106
ダイヤモンドニシキヘビ 57
太陽のエネルギー 70
ダウン 23
だ液 56, 122, 155, 181
タカ 63, 70, 109
タカアシガニ 13
タガメ 174
タカラガイ 170
托卵 157
竹 75, 186
タコ 42, 108, 119, 170, 171
ダチョウ 156, 161, 182
タツノオトシゴ 42, 177
脱皮 9, 12, 13, 18, 26, 63, 101, 109, 153, 157, 174
タテゴトアザラシ 186
ダニ 59, 60, 98, 99, 172, 173
多板類 170
タペータム 113
タマオシコガネ 87
卵 57, 63, 148, 149
　産卵 62, 65, 145, 156, 157
　襲撃 81
　受精 144, 145
　ふ化 62, 148, 149, 156, 157, 160, 162
だます 96, 97, 157
ためふん 136
タランチュラ 173
単眼 11, 112
単孔類 157, 184
ダンゴムシ 99, 172
炭酸カルシウム 9, 10, 13, 106, 168, 169
誕生 148, 149
ダンス 139, 145, 162, 182
炭水化物 70
タンチョウ 59
断熱 20, 21, 56, 57
タンパク質 19, 26, 51, 67, 83, 107, 149, 168
チーター 32, 33, 91, 132, 133
地磁気 127
チスイコウモリ 98, 99, 186
チドリ 109
チャスジヌマチガエル 134
昼行性 63
チュウヒ 70
チューブワーム 169
チョウ 21, 27, 63, 64, 72, 120, 142, 144, 175
　変態 152
超音波 116, 118, 119
聴覚 91, 116-119, 186
チョウザメ 177
超低周波 117
長鼻類 184
鳥類 118, 182, 183, 186
　移動 64, 126
　羽毛 22, 23
　カムフラージュ 130
　狩り、食事 63, 70, 76, 79, 81, 82, 91-93, 99
　呼吸 51
　消化 79
　接触 138, 139
　体温調節 56, 57
　聴覚 116
　ディスプレイ、繁殖 140, 141, 145
　鳴き声、歌 134, 135
　羽づくろい 58, 59
　飛翔 39-41
チョコキムネオオハシ 167
チンパンジー 59, 78, 95, 131, 160, 185
椎骨 16
ツチブタ 184
角 106, 107, 187
ツノガエル 178, 179
ツノゼミ 101, 174
ツノダシ 177
ツノメドリ 183
翼 17, 22, 25, 30, 38, 40, 41, 45, 77, 86, 91, 94, 118, 135, 182, 186
ツバメ 64
ツムギアリ 155
ツル 182
底球 9
停空飛翔（ホバリング）40, 63, 90, 92
ディスプレイ 22, 23, 109, 131, 140, 145, 180-183
適応 166, 167, 179, 180
テッポウウオ 97
テッポウエビ 139
デトリタス 86, 87
テナガザル 167
デバネズミ 46, 47, 163
電気受容 126, 127
電気的パルス 54
天敵 70, 104, 106
テントウムシ 40, 41, 175
電場 126, 127, 130, 176
テンレック 118
等脚類 99
道具 78, 160, 161
頭骨 17, 70, 79, 91, 107, 116, 176
トウゴロウイワシ 62
頭足類 171
冬眠 62, 66, 67
トータス 180
トカゲ 26, 27, 32, 39, 47, 56, 72, 90, 106, 108, 109, 167, 180, 181
トガリネズミ 118
毒 9, 18, 19, 71, 76, 90, 100, 104, 105, 130, 172, 173, 177-181, 184
毒腺 18, 104, 105, 179
ドクハキコブラ 105
トゲ 11, 31, 90, 101, 106, 114, 130, 157, 169, 172, 174
都市 80, 81
土壌 86, 87, 169
トタテグモ 96
トックリバチ 160
トッケイヤモリ 113
ドップラー効果 118
トビウオ 38
トビガエル 39, 178
トビトカゲ 39
トビハゼ（マッドスキッパー）35
トビヘビ 39
トビムシ 86, 87, 173
トビメバエ 141
ドブネズミ 81
トマトガエル 179
トムソンガゼル 136, 137
共食い 81
トラ 58, 186
トラザメ 43
トラフサンショウウオ 178
トリガイ 171
泥浴び 59, 60
トロット（速歩）33
ドングリ 78, 79, 81
ドングリキツツキ 79
トンネル 46, 47, 116, 155, 163, 186
トンボ 42, 91, 112, 153, 174

ナ

内骨格 16, 167, 176
内耳 119, 122
鳴き声 63, 116, 117, 130, 134, 135, 183
夏毛 100
ナッツ 79, 185
ナナフシ 174
ナヌカザメ 148
ナマケモノ 59, 74, 75, 105, 184
ナマコ 169
ナマズ 123, 176
常歩（ウォーク）33
ナミヘビ 148
ナメクジ 46, 81, 145, 170
なわばり 59, 136, 140, 141, 186
軟骨 16, 17, 109, 176, 177
軟骨魚 176
軟体動物 10, 11, 42, 50, 170, 171
におい 31, 76, 78, 81, 120, 121, 130, 136, 137, 149, 175, 186
肉食 166, 172, 173, 180
ニザダイ 58
二酸化炭素 18, 50, 51
ニシキカンザシヤドカリ 15
ニシキヘビ 57, 126, 181
ニシクロカジキ 91
ニシバショウカジキ 176
ニシン 82, 177
日光浴 56, 75
二枚貝 10, 30, 46, 47, 169, 171, 183
乳腺 157
ニューロン（神経細胞）54, 55
尿 59
ニワシドリ 140
ニワトリ 148, 182
人間 80, 81, 116, 118-120, 131, 134, 136, 160, 167, 185
ヌー 64, 65, 94
ヌタウナギ 176
ネコ 33, 58, 91, 136, 176, 186
ネコノミ 98
ネズミ 81, 90, 91, 185
ネズミヘビ 120
熱気泡（サーマル）39
粘液 18, 19, 30, 87, 145, 155, 179
脳 54, 55, 112, 116, 120, 121, 123, 126, 127
ノウサギ 63, 185
脳油 119
ノドアカハチドリ 76
ノハラツグミ 70
ノミ 35, 98, 175
ノロジカ 160

ハ

把握器 144
ハーレム 140
肺 32, 40, 42, 50, 51, 135, 153, 170, 178
胚 148, 150, 153
ハイイロオオカミ 130
ハイイロガン 22
ハイイロチュウヒ 70
ハイイロモリガエル 155
ハイエナ 65, 86, 87, 132
肺魚 177
背甲 16
バイソン 74
バイパー 181
はう 30, 31, 170
ハエ 60, 175
ハエトリグモ 112, 173
ハオリムシ 169
ハキリアリ 71
バク 187
ハクガン 64
ハクジラ 119, 187
ハクチョウ 182
バクテリア 30, 42, 87, 96, 174, 184
はぐらかし行動 109
ハゲワシ 19, 39, 86, 87, 154, 161, 183
ハコフグ 107
ハサミムシ 174
ハシボソガラパゴスフィンチ 99
バショウカジキ 43
ハジラミ 59
ハシリグモ 33
バシリスク 181
ハゼ 139
ハセイルカ 95
ハダカイワシ 65
ハダカカメガイ 50, 170
ハダカデバネズミ 46, 47, 163
働きアリ 71, 127, 139, 162
働きデバネズミ 163
働きバチ 78, 137, 139, 162
ハチ 77, 105, 137, 139, 162, 175
ハチクイ 142, 143
蜂玉 162
ハチドリ 23, 40, 76, 90, 182
ハチの巣 139, 162
ハチミツ 77
爬虫類 17, 180-182
　うろこ 26, 27
　運動 31, 32, 39
　感覚 120, 126
　子ども 148, 149, 156
　体温調節 56, 57
発音唇 119
パック 94, 139
羽づくろい 58, 59, 130
発光器を仕込んだヒゲ 96
発光バクテリア 96
発生 137, 148, 157
バッタ 13, 47, 70, 135, 137, 174
ハト 79, 183
バトラコトキシン 105
鼻（ゾウの）138
ハナカマキリ 101
ハナナガムチヘビ 181
ハナヒゲウツボ 42, 177
花を咲かせる植物 76, 77
ハブ 90
バブルネットフィーディング 94
ハミングバード 40
ハムシ 76
ハモ 42
速歩（トロット）33
ハヤブサ 91
パラサウロロフス 166
パラシュート 34, 38, 39
パラダイストビヘビ 71
ハリセンボン 106, 177
ハリネズミ 106, 186
ハリモグラ 157, 184
パルス 95, 118
反響音 118, 119
反響定位（エコーロケーション）116, 118, 119, 187
瘢痕組織 19
パンサーカメレオン 167
反射 55
帆翔 39, 182
繁殖 98, 112, 140, 145, 149, 153, 178
　移動 64, 65
　音声信号 134
　季節 62, 140
　視覚的信号 130, 131
　準備 62, 136, 137
　聴覚 116
　においの信号 120, 121, 136, 137
　場所 141, 162
　繁殖相手を引き寄せる 140, 141

ライバルと闘う 106, 107, 140
繁殖雌 162, 163
反すう 74
パンダ 75, 186
バンパイアフィンチ 99
ハンマーヘッドシャーク 176
ビーバー 154
ダム 154
ロッジ 154
皮下脂肪 66
ヒキガエル 104, 179
ヒグマ 80, 186
ヒゲクジラ 172, 187
ヒザラガイ 10, 170
皮歯 26
皮脂腺 122
飛翔 38-41, 182
飛翔筋 21, 41
微生物 74, 82
尾腺 22, 59
引っ込め反射 55
ヒツジ 74, 187
ピッチ 116
ピット器官 126
ひづめ 32, 87, 187
ヒトデ 11, 30, 87, 109, 169
瞳 113
ヒトリガ 21, 94
ピパ 179
皮膚 17-22, 25, 26, 38, 40, 47, 60, 67, 86, 98, 99, 101, 104-106, 123, 153, 168, 178, 179
呼吸 50, 153
脱皮 26
翼 41
毒 104, 105
ヒムネオオハシ 167
ヒメアシナシトカゲ 181
ヒメアマガエル 179
ヒメノガン 140
日焼け止め 19, 60
ヒョウ 21
ヒョウガエル 70, 179
表情 131
氷点 21, 67
表皮 11, 19, 20, 26, 41
ヒョウモンダコ 42
ヒヨケムシ 172
ヒヨコ 148
ヒラメ 119, 152, 176
ヒル 99
ヒレ 16, 17, 35, 38, 42, 43, 107, 171, 176, 177, 180, 187
フィルターフィーダー 82, 83, 172
フィンチ 99
フウチョウ 23
ブーラミス 77
フェネックギツネ 117
フェロモン 120, 121, 130, 136, 137, 139
不完全変態 153, 174, 175
複眼 112
腹足類 10, 170
フクラガエル 178
フクロウ 63, 91, 116, 183
フクロウチョウ 149
フクロミツスイ 77
フジツボ 31, 82, 153
ブダイ 19
ふたまたに分かれた舌 120, 149
フタユビナマケモノ 74
ブチイモリ 178
ブッシュベビー 35, 59, 185
不凍液 67
フナクイムシ 46
腐肉食動物（スカベンジャー）82, 86, 87
冬毛 100
フライングドラゴン 39
ブラインドケーブフィッシュ 177
ブラウザー 74, 75
ブラックマンバ 91
フラミンゴ 24, 25, 40, 82, 183
プランクトン 25, 65, 82
フレーメン 137
プレーリー 70, 74
プロングホーン 32
ふん 87, 136, 185
分解者 86, 87
噴気孔 119
分散フェロモン 137
吻鞘 105
ヘアリーフロッグフィッシュ 177
平衡胞 122
兵隊アリ 162
兵隊デバネズミ 163
ベイトボール 95
ベッコウバチ 104, 105
ヘビ 16, 26, 27, 30, 42, 57, 62, 70, 71, 141, 180, 181
運動 31
狩り 90, 97
感覚 120, 126
子ども 148, 49
毒 104, 105, 184
ヘビ玉 62
ヘビトカゲギス 96
ベニザケ 65, 177
ヘモグロビン 51
ベリー 70, 71, 81
ペリカン 94, 182, 183
ベローシファカ 36
ベロー・ツリーフロッグ 134
変温動物（外温動物）56, 57
ペンギン 44, 45, 56, 57, 162, 183
扁形動物 168
変装 100, 101, 103, 174
変態 152, 153, 174, 175, 178, 179
ボア 126, 181
ホイッスル音 95, 119
方位磁石 127
方向を感じ取る 64, 126, 127
防水 13, 19, 22, 58
ホウセキカナヘビ 56
ホウヒゲコウモリ 67
ホエザル 135
ホカケトカゲ 108, 109
歩脚 30, 172
墨汁のう 108
ホシチョウザメ 177
ホシバナモグラ 124, 125
ホソクビゴミムシ 137
ホタテガイ 10, 171
ホタル 131
ホッキョクギツネ 100, 121
ホッキョクグマ 21
ボディ・ランゲージ 130, 171
母乳 137, 156, 157, 163, 184
哺乳類 59, 64, 100, 126, 155, 184-186
学習、遊び 161
毛皮と体毛 20, 58
呼吸 51
子育て 156-159
コミュニケーション 131, 136
視覚 113
触覚 122-125
接触 138, 139
体温調節 56, 57
食べる、食事、採食 70, 74-76, 78-81, 87, 125
誕生 148, 149
聴覚 116-119
冬眠 66
味覚、嗅覚 120, 121
ホバリング（停空飛翔）40, 63, 90, 92
ホホジロザメ 26, 90
ホヤ 82, 169
歩様 33
ホラガイ 170
ポリプ 9
ホルモン 51, 62, 100
本能 54, 64, 160, 161, 134, 156
ポンペイワーム 66

マ

マーキング 59, 136, 186
マーモセット 185
マイルカ 18
マウス 90, 185
マウスブリーダー 156
マウンテンゴリラ 159
巻貝（腹足類）10, 50, 105, 170
マグロ 57
マコガレイ 176
摩擦発音 135
マダガスカルキンイロガエル 179
マダニ 99
マタマタ 180
マダラコウラナメクジ 145
マダラサラマンドラ 19, 178
待ち伏せ 90, 95, 96, 180
まつげ 113
マツゲハブ 90
マッコウクジラ 119, 187
マッドスキッパー 35
マツモムシ 123
マテガイ 47, 171
マナティー 184
マムシ 97
まゆ 19, 67, 177
マユグロアホウドリ 138
マルハナバチ 21, 57, 175
マングース 186
マンタ 42, 176
マンモス 166
ミーアキャット 109, 139
ミエリン鞘 54
味覚 112, 120, 121
味覚芽 120, 121
ミジンコ 42, 172
ミズグモ 50
ミソサザイ 134
水浴び 59, 60
水かき 45, 74, 178, 182
ミズタメガエル 67
水鳥 22, 23, 94
道しるべフェロモン 137
蜜 63, 71, 76, 77, 139, 175, 186
ミツアリ 175
ミツオビアルマジロ 106, 107
ミツヅノコノハガエル 179
ミツバチ 77, 137, 139, 155, 162
蜜ろう 155
ミドリタテハ 120
ミドリニシキヘビ 126
ミナミコオロギガエル 35
ミノガ 155
ミノカサゴ 130
ミノムシ 155
耳 91, 116, 117, 179, 184
ミミズ 9, 46, 50, 55, 70, 71, 81, 82, 86, 87, 160, 169, 178, 186
ミミヒダハゲワシ 86
ミユビシギ 63
無顎類 176
ムカシトカゲ 180
ムカデ 12, 32, 70, 86, 173
ムクドリモドキ 183
無脊椎動物 31, 113, 122, 136, 153, 168-175
貝殻、殻 10, 11
外骨格 12, 13
柔らかい体 8, 9
無足類 178
胸ビレ 38, 42, 43, 107, 176, 184, 187
ムネエソ 177
ムハイサラマンダー 178
無尾類 178
ムラサキイガイ 171
群れ
魚類 95, 123, 162, 163, 177
昆虫 94, 162, 175
草食獣 162, 163, 186, 187
鳥類 109, 162
鳴管 134
鳴禽類 134, 182, 183
鳴のう 134, 179
メカジキ 57
メガネイモリ 32
メガネザル 113, 166, 185
メキシコクマドリマムシ 97
メキシコジムグリガエル 179
メキシコハナナガヘラコウモリ 76
メラニン色素 21, 108
メロン（イルカの）119
綿羽 22, 23, 57
メンガタハタオリ 155
メンフクロウ 41
猛禽類 63
毛細血管 18
毛包 20, 122
網膜 112, 113
モグラ 47, 124, 125, 186
潜る 42, 43, 45
モズ 72, 73
モモンガ 38
モルフォチョウ 175
モルモンクリケット 81
モロクトカゲ 106, 181
門 167
モンハナシャコ 114, 115

ヤ

ヤガ 116
ヤギ 187
ヤギ類（サンゴのなかま）9
夜行性 63, 113, 183
ヤコブソン器官 120, 137
ヤシガニ 35
ヤスデ 32, 173
ヤッコダイ 26
ヤツメウナギ 176
ヤドカリ 14, 15
ヤドクガエル 104, 105, 141, 178
ヤドリバエ 116
ヤマネ 66
ヤモリ 34, 71, 102, 103, 113, 181
遊泳筋 57
有袋類 77, 149, 184
有蹄類 20, 32, 33, 136, 187
有尾類 178
ユーラシアカワウソ 136
有鱗類 185
ユキヒョウ 35
油滴 19
指の吸盤 34, 179, 181
幼生 31, 42, 152, 153, 169, 178
ヨーロッパアカガエル 150
ヨーロッパアナウサギ 155
ヨーロッパウチスズメ 131
ヨーロッパウナギ 64
ヨーロッパスズメバチ 78
ヨーロッパハチクイ 142
ヨーロッパヤマネ 66
翼手類 186
翼足 50, 170
横ばい運動 31
ヨナグニサン 121, 175
よろい 10, 12, 47, 106, 107

ラ

ライオン 19, 65, 70, 86, 113, 132
ライチョウ 59, 182
ラクダ 187
裸鰓類 53
ラット 81, 185
卵黄のう 148
卵歯 148
卵生 180, 184
リーフィーシードラゴン 177
リカオン 94
リクガメ 180
リサイクラー 86, 87
リス 38, 185
リズム 62, 63, 134
立毛筋 122
両生類 18, 178, 179
鱗粉 27
ルアー（疑似餌）96, 97
類人猿 167, 185
ルーパー・キャタピラー 30
ルシフェリン 96
冷却システム 56, 117
霊長類 159, 166, 185
レインボーアガマ 181
レック（集団求愛場）140, 141
裂肉歯 70
レンズ（水晶体）112, 113
漏斗 42, 108
老廃物 18, 50, 79
ロージーリップト・バットフィッシュ 177
ろ過食動物 82, 83, 172
肋骨 16, 39, 176, 181
ロブスター 109, 172
ロレンチニ瓶 127

ワ

ワオキツネザル 136
ワシ 23, 39, 63, 108, 183
ワタリガラス 81
渡り鳥 64, 127
ワナ 94, 96, 97
ワニ 17, 26, 27, 156, 181
ワラジムシ 99

謝辞・出典一覧

Dorling Kindersley would like to thank:
Matilda Gollon for editing the jacket, Lili Bryant for editorial assistance, Caitlin Doyle for proof-reading, and Helen Peters for the index.

Picture credits
The publishers would like to thank the following for their kind permission to reproduce their photographs:

(Key: a-above; b-below/bottom; c-centre; f-far; l-left; r-right; t-top)

1 Alamy Images: Steve Bloom Images (bc). **Corbis:** John Pitcher / Design Pics (bl). **FLPA:** Chris Newbert / Minden Pictures (br). **Getty Images:** Thomas Shahan / Flickr (bl). **Photolibrary:** Alaskastock. **2–3 Ardea:** Chris Brunskill. **3 Getty Images:** Eastcott Momatiuk (bc); Visuals Unlimited (br); Max Gibbs / Photolibrary (fbl). **naturepl.com:** Charlie Hamilton-James (bl). **Splashdowndirect.com:** Andre Seale (fbr). **4 Corbis:** Stephen Frink (cla). **Andras Meszaros:** (clb). **naturepl.com:** Neil Lucas (cl). **NHPA / Photoshot:** Kevin Schafer (bl). **4–5 Getty Images:** Daisy Gilardini. **5 Corbis:** DLILLC (cla). **Getty Images:** Digital Vision (bl); Pal Hermansen (tl). **Louis-Marie Préau:** (clb). **Science Photo Library:** Byron Jorjorian (cl). **6 Corbis:** Richard Cummins (crb); George Steinmetz (fcrb). **FLPA:** Derek Middleton (cb). **Getty Images:** Stuart Westmorland (clb). **Scubazoo.com:** Jason Isley (fclb). **6–7 Corbis:** Stephen Frink. **8 Corbis:** Clouds Hill Imaging Ltd (clb). **NHPA / Photoshot:** Burt Jones & Maurine Shimlock (bl). **8–9 Scubazoo.com:** Jason Isley. **9 Corbis:** Norbert Wu / Science Faction (tr). **FLPA:** Piotr Naskrecki / Minden Pictures (bc). **10 Getty Images:** Mike Kemp (tr); Stuart Westmorland (bl). **Science Photo Library:** David Hall (br). **10–11 Photolibrary:** Paul Kay. **11 Alamy Images:** Gregory Davies (tl). **FLPA:** Chris Newbert / Minden Pictures (br). **12–13 FLPA:** Derek Middleton. **13 Ardea:** Becca Saunders (bl). **Corbis:** Visuals Unlimited (cr) (crb); Herbert Kehrer (br). **NHPA / Photoshot:** James Carmichael Jr. (tc). **14–15 FLPA:** Chris Newbert / Minden Pictures. **16 FLPA:** Norbert Wu / Minden Pictures (cla). **17 Science Photo Library:** D. Roberts (br). **18 FLPA:** Piotr Naskrecki / Minden Pictures. **18–19 Corbis:** Ralph A. Clevenger (t). **19 Corbis:** Peter Johnson (c); David A. Northcott (cra); Paul Souders (bl). **Getty Images:** David Doubilet / National Geographic (br). **NHPA / Photoshot:** Martin Harvey (cr). **20 Getty Images:** Joseph Vans Os (cl). **Science Photo Library:** British Antarctic Survey (c). **20–21 FLPA:** John Eveson. **21 Getty Images:** Doug Allan (cla); Eastcott Momatiuk (cb). **Science Photo Library:** Power and Syred (cr); T-Service (br). **22 FLPA:** Erica Olsen (bl). **22–23 Getty Images:** Daniel Beltra. **23 naturepl.com:** Phil Savoie (clb); Dave Watts (tl). **Science Photo Library:** Power and Syred (cb). **24–25 Corbis:** Richard Cummins. **26 Corbis:** Ralph Clevenger (bl); Randy Faris (cl); George Steinmetz (tc). **Science Photo Library:** Eye of Science (cb). **27 Corbis:** Tim Davies (tr). **naturepl.com:** Edwin Giesbers (b); Andy Sands (tl). **Science Photo Library:** Eye of Science (ca). **28–29 naturepl.com:** Neil Lucas. **30 Photolibrary:** Karen Gowlett-Holmes (cl) (c). **30–31 NHPA / Photoshot:** Stephen Dalton. **31 Corbis:** Stephen Frink (c); Stuart Westmorland (bc). **32 Dorling Kindersley:** Jan Van Der Voot (cl). **NHPA / Photoshot:** Stephen Kraseman (cr). **33 Alamy Images:** blickwinkel (tl). **Corbis:** W. Wisniewski (b). **34 Getty Images:** Tim Flach (c). **naturepl.com:** Ingo Arndt (fcr); Jorma Luhta (cr); Nature Production (bl). **Photolibrary:** Satoshi Kuribayashi / Nature Production (br). **34–35 FLPA:** Scott Linstead / Minden Pictures. **35 FLPA:** Ariadne Van Zandbergen (clb). **36–37 shahimages.com:** Anup Shah. **40 Alamy Images:** WaterFrame (bc). **Corbis:** DLILLC (cl); Paul Souders (tr). **naturepl.com:** Kim Taylor (c). **40–41 naturepl.com:** Kim Taylor; Kim Taylor (t). **NHPA / Photoshot:** Stephen Dalton (b). **41 naturepl.com:** Kim Taylor (t). **Photolibrary:** Satoshi Kuribayashi / Nature Production (cl). **42 Alamy Images:** Scenics & Science (ca). **Corbis:** Gary Bell (cl). **Getty Images:** Stephen Frink (br); Visuals Unlimited (tr); Max Gibbs / Photolibrary (cr). **NHPA / Photoshot:** Taketomo Shiratori (bl). **43 Corbis:** Stuart Westmorland / Science Faction (c). **Dorling Kindersley:** Richard Davies of Oxford Scientific Films (bl) (bc) (br). **44–45 FLPA:** Norbert Wu / Minden Pictures. **46 Photolibrary:** OSF (br). **Still Pictures:** F. Hecker (tr). **46–47 Corbis:** Frans Lanting. **47 Corbis:** Michael & Patricia Fogden (tl). **NHPA / Photoshot:** Roy Walker (br). **Still Pictures:** Hecker / Sauer (cra). **48 Corbis:** Michael & Patricia Fogden (fbl); John Giustina (bc); George McCarthy (fbr). **naturepl.com:** David Tipling (bl). **NHPA / Photoshot:** John Shaw (br). **48–49 Andras Meszaros**. **50 Alamy Images:** blickwinkel (bc). Igor Siwanowicz (cl). **50–51 Corbis:** Kimimasa Mayama / Reuters. **51 FLPA:** Thomas Marent / Minden Pictures (crb). **Getty Images:** Jonathon Gale (tl). **Science Photo Library:** Revy. ISM (br). **52–53 FLPA:** Norbert Wu / Minden Pictures. **54 Corbis:** Frans Lanting (tr). **Getty Images:** Doug Hamilton (cl). **55 Alamy Images:** Maximilian Weinzierl (br). **Corbis:** DLILLC (t); Stuart Westmorland (clb). **56 Ardea:** Jean Paul Ferrero (bl). **naturepl.com:** Roberto Bubas (cl). **56–57 naturepl.com:** David Tipling. **57 NHPA / Photoshot:** A. N. T. Photo Library (tl). **58 NHPA / Photoshot:** Andy Rouse (tr). **Splashdowndirect.com:** Andre Seale (b). **59 Corbis:** John Giustina (cl). **FLPA:** Silvestris Fotoservice (ftl). **Getty Images:** Daryl Balfour (crb); Daniel Cox / Photolibrary (bc); Stan Osolinski / Photolibrary (tc). **NHPA / Photoshot:** Stephen Dalton (tl). **Science Photo Library:** Steve Gschmeissner (bl). **60–61 Corbis:** Martin Harvey. **62 Photolibrary:** Howard Hall (tr). **62–63 Ardea:** Francois Gohier. **63 Alamy Images:** AfriPics.com (cla); Imagestate (ca); Johner Images (tr). **Corbis:** Joe McDonald (br). **Getty Images:** Joe McDonald (c). **64–65 naturepl.com:** Anup Shah. **65 naturepl.com:** Jurgen Freund (tr). **NHPA / Photoshot:** John Shaw (tl). **66 Corbis:** George McCarthy. **imagequestmarine.com:** Peter Batson (tr). **67 Ardea:** D. Parer & E. Parer-Cook (crb). **FLPA:** Imagebroker (tr). **Science Photo Library:** Power and Syred (clb) (bl). **Wikipedia, The Free Encyclopedia:** (tl). **68 Corbis:** Visuals Unlimited (fbr); Frans Lanting (bl); Erich Kuchling / Westend61 (fbl). **Getty Images:** Visuals Unlimited (bc). Stephen J. Simpson & Gregory A. Sword (br). **68–69 NHPA / Photoshot:** Kevin Schafer. **70 Corbis:** David Aubrey (bc/grasshopper); W. Perry Conway (fbr); Cornstock (fbl); Joe McDonald (br); Skip Moody – Rainbow / Science Faction (bc/frog). **Dorling Kindersley:** Colin Keates, courtesy of the Natural History Museum, London (c). **70–71 Corbis:** Erich Kuchling / Westend61. **71 Miles Kenzo Kooren:** (bl). **naturepl.com:** Kim Taylor (br). **Science Photo Library:** Volker Steger (tr). **72–73 NHPA / Photoshot:** Dave Watts. **74 Corbis:** Radius Images (tl). **Getty Images:** Tim Graham Photo Library (crb). **75 Corbis:** Frans Lanting (br); Kevin Schafer (l); Keren Su (bc). **FLPA:** Tui De Roy / Minden Pictures (tr). **76 Corbis:** Visuals Unlimited (cl). **FLPA:** Shem Compion (bl). **Getty Images:** Visuals Unlimited (cr). **77 naturepl.com:** Dave Watts (tl). **NHPA / Photoshot:** Photo Researchers (l). **78 Alamy Images:** dbimages (l). **naturepl.com:** Nature Production (cr). **78–79 Photolibrary:** Otto Hahn. **79 FLPA:** S & D & K Maslowski (tl); Pete Oxford / Minden Pictures (br). **80 Alamy Images:** Steve Bloom Images (l). **81 Alamy Images:** Bob Gibbons (cl). **naturepl.com:** Michael Durham (cr); Laurent Geslin (crb). Stephen J. Simpson & Gregory A. Sword (b). **82 FLPA:** Richard Herrmann / Minden Pictures (crb). **Getty Images:** Wim van den Heever (bc). **Photolibrary:** Tobias Bernhard (cl). **82–83 naturepl.com:** Doc White. **83 Corbis:** Visuals Unlimited (bc). **84–85 Alexander Safonov**. **86 Science Photo Library:** Eye of Science (cl). **86–87 Corbis:** Peter Johnson (b); James Hager / Robert Harding World Imagery (t). **87 Corbis:** Gallo Images (cl). **naturepl.com:** Elaine Whiteford (br). **88 Corbis:** David A. Northcott (fcl). **FLPA:** Martin B Withers (cl). **imagequestmarine.com:** (cr). **naturepl.com:** Rod Williams (c). **NHPA / Photoshot:** Stephen Dalton (fcr). **88–89 Getty Images:** Pal Hermansen. **90 Corbis:** David A. Northcott (tl); Keren Su (cr). **91 Alamy Images:** Malcolm Schuyl (cl). **National Geographic Stock:** Gerry Ellis / Minden Pictures (r). **92–93 naturepl.com:** Charlie Hamilton-James; Mitsuaki Iwago / Minden Pictures (cr). **94 FLPA:** Mark Moffett / Minden Pictures (tr); Martin B Withers (cl). **naturepl.com:** Bruce Davidson (b). **95 Alexander Safonov:** (t). **96 naturepl.com:** David Shale (t). **NHPA / Photoshot:** A. N. T. Photo Library (bl). **97 National Geographic Stock:** Robert Sisson (tl). **naturepl.com:** Rod Williams (cl). **NHPA / Photoshot:** Stephen Dalton (c). **99 FLPA:** Nigel Cattlin (c); imagebroker (cr); Tui De Roy / Minden Pictures (br). **imagequestmarine.com:** Roger Steene (cl). **100 Corbis:** Steven Kazlowski / Science Faction (c). **Dorling Kindersley:** Frank Greenaway, courtesy of the Natural History Museum, London (ca). **FLPA:** Malcolm Schuyl (tr). **Getty Images:** James Hager (cl). **100–101 Getty Images:** Visuals Unlimited. **101 Corbis:** Tom Brakefield (crb); Ralph A. Clevenger (cr); Michael & Patricia Fogden (cra). **naturepl.com:** Ingo Arndt (br). **102–103 Thomas Marent**. **104 Corbis:** Michael & Patricia Fogden (cl). **104–105 Getty Images:** Visuals Unlimited (t). **naturepl.com:** Hans Christoph Kappel (b). **105 Alamy Images:** Brent Ward (cl). **FLPA:** Norbert Wu / Minden Pictures (tr). **naturepl.com:** Barry Mansell (br). **106 Corbis:** Theo Allofs (cl). **Dorling Kindersley:** Jerry Young (cb). **Getty Images:** James Warwick (cr). **106–107 Alamy Images:** blickwinkel. **107 Getty Images:** Nigel Dennis / Gallo Images (cr); Visuals Unlimited (cl). **naturepl.com:** Mark Payne-Gill (tl) (ftr) (tc) (tr). **108 Corbis:** Joe McDonald (bc). **Getty Images:** Don Farrall (cl). **108–109 NHPA / Photoshot:** Stephen Dalton. **109 Corbis:** Dr John D. Cunningham / Visuals Unlimited (crb). **FLPA:** Chris Schenk / FN / Minden Pictures (tr); Visuals Unlimited (br). **Getty Images:** Mattias Klum / National Geographic (tl). **Joey Ciaramitaro / GoodMorningGloucester.com:** (bc). **110 Corbis:** Joe McDonald (fclb); DLILLC (clb). **FLPA:** Hiroya Minakuchi / Minden Pictures (cb). **naturepl.com:** Nick Garbutt (crb); Dave Watts (fcrb). **110–111 Corbis:** DLILLC. **112 Corbis:** Joe McDonald (bl); Fritz Rauschenbach (tc). **113 Corbis:** Martin Harvey (br); Frans Lanting (cr); Joe McDonald (fbr). **Getty Images:** Beverly Joubert / National Geographic (tl); Michael Poliza (fbl); David Trood (cl). **Christian Ziegler:** (bl). **114–115 FLPA:** Chris Newbert / Minden Pictures. **116 Dorling Kindersley:** Frank Greenaway, courtesy of the Natural History Museum, London (tr) (br/cricket); Colin Keates, courtesy of the Natural History Museum, London (br). **NHPA / Photoshot:** Stephen Dalton (bc). **Science Photo Library:** Power and Syred (cl). **117 Corbis:** Frans Lemmens (br); Joe McDonald (tc); DLILLC (cl). **118 Alamy Images:** Danita Delimont (clb). **118–119 Frank Greenaway**. **119 FLPA:** Hiroya Minakuchi / Minden Pictures (cra) (bc). **NHPA / Photoshot:** A. N. T. Photo Library (tc). **120 Corbis:** Jack Goldfarb / Design Pics (tr). **Getty Images:** Jeff Rotman (bl). **121 Getty Images:** NatPhotos (cr). Ch'ien C. Lee (tl). **Science Photo Library:** Prof. L. M. Beidler (bl). **122 Alamy Images:** John Warburton-Lee Photography (c). **FLPA:** Jurgen & Christine Sohns (bl). **122–123 naturepl.com:** Jose B. Ruiz. **123 FLPA:** R. Dirscherl (cra). **naturepl.com:** Nick Garbutt (br). **124–125 FLPA:** Dembinsky Photo Ass. **126 naturepl.com:** Michael D. Kern (bl); Dave Watts (tc). **127 Getty Images:** Jeff Hunter (br). **NHPA / Photoshot:** Martin Harvey (bl). Stephan Rolfes (cla). **Science Photo Library:** Catherine Pouedras / Eurelios (ca). **128 Alamy Images:** Phil Degginger (fbl); blickwinkel (bl). **Getty Images:** Nicole Duplaix / National Geographic (br). **naturepl.com:** Georgette Douwma (fbr); Anup Shah (bc). **128–129 Science Photo Library:** Byron Jorjorian. **130 Alamy Images:** Premaphotos (crb). **Corbis:** Tom Brakefield (cra); George McCarthy (clb); Joe McDonald (cr). **NHPA / Photoshot:** Anna Henly (cl). **130–131 Alamy Images:** David Fleetham. **131 Alamy Images:** Phil Degginger (cr); Keith M Law (cla) (ca). **Getty Images:** Manoj Shah (tc). **132–133 Corbis:** Paul Souders. **134 Alamy Images:** blickwinkel (cl). **naturepl.com:** Rolf Nussbaumer (bl). **134–135 Getty Images:** Visuals Unlimited. **135 Alamy Images:** Juniors Bildarchiv (cra); Rolf Nussbaumer (clb). **Corbis:** Herbert Zettl (br). **Getty Images:** Visuals Unlimited (tc). **136 naturepl.com:** Solvin Zankl (bc). **shahimages.com:** Anup Shah (cl). **136–137 Alamy Images:** Imagestate (t). **naturepl.com:** Anup Shah (b). **137 Alamy Images:** Lena Ason (cr). **Corbis:** Jonathan Blair (tc); B. Borrell Casals; FLPA (tr). **FLPA:** Ingo Arndt / Minden Pictures (br); Sunset (c). **138 Corbis:** Frans Lanting (tr). **138–139 Corbis:** Arthur Morris (b). **139 Corbis:** Norbert Wu / Science Faction (br). **Getty Images:** Nicole Duplaix / National Geographic (tr). **naturepl.com:** Premaphotos (cla). **140 FLPA:** Matthias Breiter / Minden Pictures (clb). Louis-Marie Preau (tc). **140–141 Tony Heald**. **141 Alamy Images:** All Canada Photos (tl). **FLPA:** Mark Moffett / Minden Pictures (br); Sunset (tc). **naturepl.com:** George McCarthy (cr). **NHPA / Photoshot:** George Bernard (crb). **142–143 Andras Meszaros**. **144 Corbis:** Mark A Johnson (tl). **144–145 Corbis:** Juergen Effner. **145 Getty Images:** Oxford Scientific / Photolibrary (tl) (tc). **naturepl.com:** Georgette Douwma (cl). **Photolibrary:** Eliott Neep (tr); Richard Packwood (cr). **Still Pictures:** Vincent Jean-Christoph / Biosphoto (br). **146 Alamy Images:** cbimages (fclb). **Corbis:** Lightscapes Photography Inc. (crb). **Getty Images:** Frank Lukasseck (clb). **naturepl.com:** David Fleetham (cb). **146–147 Louis-Marie Préau**. **147 Getty Images:** Stephen Frink (fcrb). **148 Getty Images:** National Geographic (cl); Oxford Scientific / Photolibrary (bl) (bc) (br). **149 naturepl.com:** Meul / ARCO (tr). **NHPA / Photoshot:** Laurie Campbell (bc). **150–151 Michel Loup**. **152 Thomas Marent:** (cl) (c). **Photolibrary:** Paul Kay (bl). **152–153 Thomas Marent**. **153 Getty Images:** Visuals Unlimited (cra) (br). **National Geographic Stock:** Piotr Nasrecki / Minden Pictures (tc). **Photolibrary:** OSF (cr). **154 naturepl.com:** Rolf Nussbaumer (cl). **154–155 FLPA:** Jurgen & Christine Sohns. **155 Alamy Images:** Andrew Darrington (ca); Alison Thompson (tr). **Corbis:** Michael & Patricia Fogden (cra); Wolfgang Kaehler (cr). **Getty Images:** Oxford Scientific / Photolibrary (crb). **156 Getty Images:** Frank Lukasseck (br); Art Wolfe (tr). **naturepl.com:** Anup Shah (cl). **157 Alamy Images:** cbimages (tl). **Ardea:** D. Parer & E. Parer-Cook (ca). **Dorling Kindersley:** Jerry Young (tc). **naturepl.com:** David Fleetham (br); David Kjaer (bl). **Professor Stewart Nicol:** (cra). **158–159 Getty Images:** Michael Poliza / National Geographic. **160 Alamy Images:** blickwinkel (bl). **Corbis:** Michael Hagedorn (bc); Lightscapes Photography Inc. (c); Lynda Richardson (cra). **NHPA / Photoshot:** Anthony Bannister (br). **160–161 Getty Images:** Manoj Shah. **161 Getty Images:** Alain Christof / Photolibrary (tl). **162 Alamy Images:** Mira (c/bees). Daisy Gilardini (tr); Mark Moffett / Minden Pictures (bl); Piotr Nasrecki / Minden Pictures (c/termites). **National Geographic Stock:** Mitsuhiko Imamori / Minden Pictures (cl) (bc). **162–163 Corbis:** Bob Krist (br). **163 Getty Images:** Stephen Frink (tr). **164 Corbis:** Ralf Hirschberger / dpa (crb); Koen Van Weel / epa (fcrb); Visuals Unlimited (cb); Boston Museum of Science / Visuals Unlimited (fclb). **Getty Images:** George Grall / National Geographic (clb). **164–165 Getty Images:** Digital Vision. **166 Alamy Images:** Martin Shields (clb/sabre tooth). **Corbis:** Frans Lanting (br); Sergei Cherkashin / Reuters (clb/mammoth). **Dorling Kindersley:** Ed Homonylo, courtesy of Dinosaur State Park, Connecticut (cl). **166–167 NHPA / Photoshot:** Stephen Dalton. **167 Corbis:** Jean-Pierre Degas / Hemis (cra) (bc/gorilla); Frans Lanting (ca) (fbl). **Getty Images:** Ira Block / National Geographic (bl); Kevin Schafer (tr); Manoj Shah (bc/gibbon). **168 Corbis:** Brandon D. Cole (cb); Michael & Patricia Fogden (ca); Visuals Unlimited (br); Marty Snyderman (tl); Boston Museum of Science / Visuals Unlimited (cra). **Getty Images:** Nick Norman / National Geographic (bc). **NHPA / Photoshot:** Ross & Diane Armstrong (bl). **169 Corbis:** Ed Murray / Star Ledger (tl); Robert Pickford (cla); Jeffrey L. Rotman (cb) (bl) (br). **Getty Images:** Georgette Douwma (clb); Visuals Unlimited (tc). **Photolibrary:** Paul Kay (ca). **SeaPics.com:** Susan Dabritz (tr). **170 Corbis:** Brandon D. Cole (cla); B. Borrell Casals; FLPA (crb); Jeffrey L. Rotman (bl). **Getty Images:** AFP (br); Gary Bell (bc); Stephen Frink (cb); George Grall / National Geographic (tr); Visuals Unlimited (cra). **171 Alamy Images:** Sabena Jane Blackbird (cla). **Getty Images:** Philippe Bourseiller (crb); Justin Lewis (cb); George Grall / National Geographic (ca); Norbert Rosing / National Geographic (tr); Visuals Unlimited (br). **NHPA / Photoshot:** Daniel Heuclin (cra). **172 Corbis:** Michael & Patricia Fogden (crb); Frans Lanting (ca); Robert Pickett (bl). **Getty Images:** Mangiwau (br); Visuals Unlimited (cb); David Tipling (clb). **173 Corbis:** David Aubrey (br); Ashley Cooper (bl); Michael & Patricia Fogden (c); Robert Pickett (tr); Bob Sacha (clb); Bill Vane (tc). **Getty Images:** Thomas Shahan (cl). **174 Corbis:** Michael & Patricia Fogden (bc); Anthony Bannister / Gallo Images (cr); Visuals Unlimited (bl); Frans Lanting (c/stick insect); Naturfoto Honal (tr); David A. Northcott (br); Ken Wilson; Papilio (c/earwig); Mannie Garcia / Reuters (crb); Peet Simard (cl). **Getty Images:** Medford Taylor / National Geographic (cb). **175 Corbis:** David Aubrey (br); Visuals Unlimited (c/flea); George D. Lepp (cl); Robert Marien (cb/butterfly); Micro Discovery (cra); Fritz Rauschenbach (c/horsefly); Elisabeth Sauer (ca/water beetle); Kevin Schafer (tr); Penny Tweedie (cb/ants); Michele Westmorland (bc). **Getty Images:** George Grall / National Geographic (ca/beetle); Christina Bollen / Photolibrary (clb); Robert Oelman / Photolibrary (cla); David R. Tyner (cr). **176 Corbis:** Amos Nachoum (clb). **Getty Images:** Georgette Douwma (crb); Stephen Frink (bl); Jens Kuhfs (br); Darlyne A Murawski / National Geographic (cla); Visuals Unlimited (ca); Jeff Rotman (cr); Michele Westmorland (cb). **177 Getty Images:** Peter David (c/anglerfish); Steven Hunt (cb) (br); Michael Melford (c/salmon); Joel Sartore / National Geographic (tc/sturgeon); Paul Nicklen / National Geographic (cl); Visuals Unlimited (tc/lungfish) (cr) (cra); Luc Novovitch (bl); Jeff Rotman (ca) (bc); Peter Scoones (tl). **178 Corbis:** Jan-Peter Kasper / epa (cb); Michael & Patricia Fogden (cla); Visuals Unlimited (bc). **Getty Images:** Don Farrall (cr); George Grall / National Geographic (clb); Michael Fogden / Photolibrary (crb). **NHPA / Photoshot:** Anthony Bannister (br); Chris Mattison (cra). **179 Corbis:** Michael & Patricia Fogden (cra) (bl) (ca/left); Frans Lanting (cla); moodboard (ca/right); Natural Selection David Spier (c/right); David A. Northcott (clb); Kevin Schafer (tl) (cb) (cr); Paul Sutherland / National Geographic (c). **Getty Images:** Stanley Breeden / National Geographic (tr); Rodger Jackman / Photolibrary (tc). **NHPA / Photoshot:** Daniel Heuclin (cl); Chris Mattison (bc). **180 Corbis:** Ron Austing; FLPA (cb); Michael & Patricia Fogden (br); Frans Lanting (cr); Gerald Nowak / Westend61 (bl); Stuart Westmorland (clb). **Getty Images:** Tim Flach (crb); Frans Lemmens (bc). **181 Corbis:** Theo Allofs (cla); Jonathan Blair (crb); Chris Mattison; FLPA (cb/boa); Michael & Patricia Fogden (tc) (bc/viper); Gallo Images (tl); David A. Northcott (cb/snake); Clive Druett; Papilio (c/right). **Getty Images:** Theo Allofs (clb); Flickr (ca/agama); Belinda Wright / National Geographic (cl); Visuals Unlimited (tr); Nancy Nehring (cr); Michael Fogden / Photolibrary (br); Doug Plummer (ca/frilled); James R. D. Scott (bc). **Rob Houston:** (c/left). **182 Alamy Images:** blickwinkel (br). **Corbis:** Ralf Hirschberger / dpa (clb); Momatiuk-Eastcott (cra) (cr). **Getty Images:** altrendo nature (bc); Robin Bush / Photolibrary (cla); Ronald Wittek (cb); Tim Zurowski (crb). **183 Corbis:** Steve Allen / Brand X (ca/eagle); Christian Hager / dpa (cr); Patrick Pleul / dpa (crb); Frans Lanting (c/pigeon) (cb); Joe McDonald (tr). **Dorling Kindersley:** Steve & Dave Maslowski / Maslowski Photo (clb). **Getty Images:** Glenn Bartley (bc); Guy Edwardes (cl); Martin Harvey (c/macaw); Don Johnston (br); Mike Powles / Photolibrary (tc); Purestock (bl); Rich Thompson (ca/pelicans); Tohoku Colour Agency; Carl D. Walsh (cla). **184 Corbis:** Markus Botzek (br); Ronald Wittek / dpa (clb); Nigel J. Dennis / Gallo Images (c). **Dorling Kindersley:** Jerry Young (tl). **Getty Images:** Ben Cranke (bl); Karen Desjardin (bc); Paul Sutherland / National Geographic (cr). **185 Corbis:** Frans Lanting (bc); DLILLC (tr); Naturfoto Honal (bl); George Steinmetz (br). **Dorling Kindersley:** Sean Hunter (cb). **Getty Images:** Joel Sartore / National Geographic (cla); Bob Stefko (clb); Federico Veronesi (tl). **186 Corbis:** Erwin & Peggy Bauer (cra); Niall Benvie (tc/hedgehog); W. Perry Conway (crb); DLILLC (bl). **Dorling Kindersley:** Jerry Young (tr). **Getty Images:** Ben Cranke (tc/bat); Berndt Fischer / Photolibrary (clb); Keren Su (br). **187 Corbis:** John Pitcher / Design Pics (tc); Koen Van Weel / epa (cl); John Giustina (bl); Specialist Stock (cr); Stuart Westmorland (br). **Dorling Kindersley:** Stephen Oliver (c). **Getty Images:** Andy Rouse (tr)

Jacket images: *Front:* **Corbis:** Tim Davis t; DLILLC fbr; Norbert Wu / Science Faction bc; Jim Zuckerman fbl; **Getty Images:** Ralph Orlowski br; Steve & Ann Toon bl. *Back:* **Corbis:** Theo Allofs ftr; Terry W. Eggers tr; Arthur Morris tl; Stuart Westmorland tc; **Getty Images:** Georgette Douwma ftl; **naturepl.com:** Staffan Widstrand b. *Spine:* **Corbis:** Ralph A. Clevenger cb; DLILLC tc; Jim Zuckerman bc; **Getty Images:** Ralph Orlowski ca; Steve & Ann Toon c

動《どう》物《ぶつ》生《せい》態《たい》大《だい》図《ず》鑑《かん》

2011年6月8日　第1刷発行
2015年6月30日　第2刷発行

著者―――――デイヴィッド・バーニー
翻訳者―――――西《にし》尾《お》香《か》苗《なえ》
発行者―――――川畑慈範
発行所―――――東京書籍株式会社
東京都北区堀船 2-17-1　〒 114-8524
営業 03-5390-7531 ／編集 03-5390-7455
印刷・製本所――LEO Paper Products Ltd, China

東京書籍　書籍情報　http://www.tokyo-shoseki.co.jp
e-mail: shuppan-j-h@tokyo-shoseki.co.jp
ISBN 978-4-487-80536-5 C0645

デイヴィッド・バーニー　David Burnie

英国に生まれる。ブリストル大学で動物学を専攻、卒業後、自然保護レンジャーおよび植物学者、編集者として活動、その後、野生動植物・環境に関する著述家・コンサルタントとなり、現在に至る。ロンドンの動物学協会の特別会員 (フェロー)。フランス在住。
これまでに 100 冊以上の書籍およびマルチメディア著作物に執筆・寄稿している。ドーリング・キンダースリー社の Eyewitness Guide シリーズの『樹木』『植物』、Eyewitness Science シリーズの『光』、How Nature Works、Navigators: Mammals などの執筆のほか、Animal（日本語版は『世界動物大図鑑』ネコ・パブリッシング 2004 年刊）の編集長、『地球博物学大図鑑』（東京書籍）の顧問編集者としても活躍。英国の王立協会から優れた科学書に送られる Aventis Prize の選抜候補者に推挙されている。

西尾香苗　にしお・かなえ

大分県出身。京都大学理学部卒業。同大学院理学研究科博士課程中退。大学では生物系、大学院では動物学教室（動物系統学）に所属していた。IMI・インターメディウム研究所3期生。
訳書に『マインド･ウォーズ　操作される脳』ジョナサン･モレノ（アスキー･メディアワークス）、『超人類へ！』ラメズ・ナム（インターシフト）、『今すぐできる！記憶力を強くする方法』アーロン・P・ネルソン、スーザン・ギルバート(エクスナレッジ)、『思考のすごい力』ブルース･リプトン(PHP)、『地球博物学大図鑑』（東京書籍）など、また西尾香猫名義で『ワールド・トリビア』マイケル･スミス（潮出版社）などがある。黒白猫2匹をはべらせ、グレー縞猫に監督されながら翻訳にはげむ。人生の根本は生物学だというのが信念。

翻訳協力：株式会社トランネット
日本語版ブックデザイン：東京書籍 AD 金子 裕